SAMMLUNG GÖSCHEN BAND 862

VERMESSUNGSKUNDE

III

TRIGONOMETRISCHE UND BAROMETRISCHE HÖHENMESSUNG, TACHYMETRIE UND ABSTECKUNGEN

von

P. WERKMEISTER

Siebente, völlig neubearbeitete Auflage

von

DR.-ING. WALTER GROSSMANN
ord. Professor an der Technischen Hochschule Hannover

Mit 97 Figuren

WALTER DE GRUYTER & CO.
vormals G. J. Göschen'sche Verlagshandlung · J. Guttentag, Verlagsbuchhandlung · Georg Reimer · Karl J. Trübner · Veit & Comp.
BERLIN 1960

Inhaltsverzeichnis

3 Tachymetrische Instrumente

Seite

4 Tachymetrische und topographische Aufnahmeverfahren

5 Absteckungsarbeiten

Inhalt des ersten Bandes (Slg. Göschen Bd. 468)

Stückvermessung: 1 Grundlagen — 2 Abstecken und Messen gerader Linien — 3 Aufnehmen und Auftragen kleiner Lagepläne — 4 Flächenberechnung

Nivellieren: 5 Bestandteile geodätischer Meßinstrumete — 6 Instrumente und Geräte zum Nivellieren — 7 Nivellierverfahren

Inhalt des zweiten Bandes (Slg. Göschen Bd. 469)

1 Der Theodolit und das Messen von Horizontalwinkeln — 2 Streckenmessung mit Streckenmeßgeräten — 3 Polygonometrische Punktbestimmung — 4 Trigonometrische Punktbestimmung

1 Trigonometrische Höhenmessung

11 Die Grundgleichung der trigonometrischen Höhenmessung

Das theoretisch einfachste und zugleich genaueste Verfahren zur Bestimmung von Höhenunterschieden ist das in Band I im 5. und 6. Abschnitt behandelte Nivellement. Dieses Verfahren versagt jedoch gelegentlich, z. B. wenn es sich um die Bestimmung einer Turmhöhe handelt, und es wird unwirtschaftlich, z. B. wenn steile Hänge überschritten werden müssen. Für solche Fälle steht die trigonometrische Höhenmessung zur Verfügung. Diese kann sich darüber hinaus ganz allgemein aus Gründen der Wirtschaftlichkeit empfehlen, wenn Höhenunterschiede von etwas geringerer Genauigkeit verlangt werden.

Zur trigonometrischen Bestimmung des Höhenunterschiedes zwischen 2 Punkten mit den Meereshöhen H_1 und H_2 muß die horizontale Entfernung s der beiden Punkte bekannt sein und auf einem der beiden Punkte der Vertikalwinkel zu dem anderen gemessen werden. Der Vertikalwinkel kann dabei entweder der Höhenwinkel α oder sein Komplement, die Zenitdistanz $z = 100^g - \alpha$ sein. Mißt man in H_1 die Zenitdistanz z und bezeichnet die Höhe der Kippachse des Theodolits über dem Bodenpunkt (= Instrumentenhöhe) mit i, die Höhe der Zieltafel über dem Zielpunkt H_2 mit t, so lautet die Grundgleichung der trigonometrischen Höhenmessung

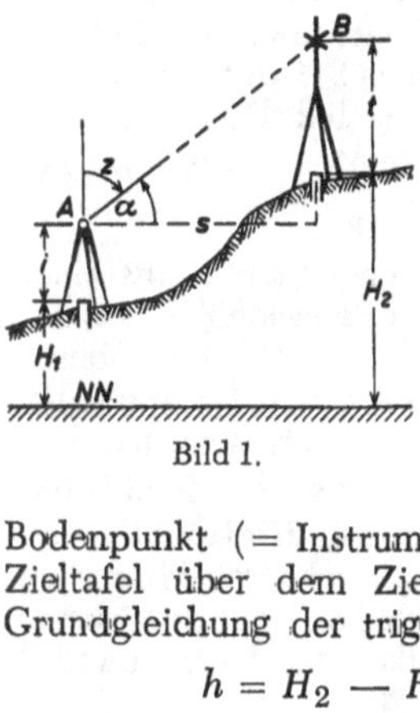

Bild 1.

$$h = H_2 - H_1 = s \cot z + i - t\,. \tag{1}$$

Diese Gleichung gilt jedoch nur für Entfernungen bis etwa 250 m; bei größeren Entfernungen müssen die Krümmung der Erdoberfläche und die Brechung des Zielstrahls durch die Refraktion berücksichtigt werden [16].

12 Die Einrichtungen des Theodolits für die Vertikalwinkelmessung

Die meisten Theodolite besitzen für die Vertikalwinkelmessung zwei Zusatzeinrichtungen, nämlich den Vertikal- oder Höhenkreis und die Ableseeinrichtung.

12.1 D e r H ö h e n k r e i s, dessen Durchmesser gewöhnlich etwas kleiner ist als der des Horizontalkreises, ist zentrisch an der Kippachse befestigt, so daß er alle Kippbewegungen des Fernrohrs mitmacht. Er kann mit Hilfe einer Klemmvorrichtung [Band II 12.4] in einer bestimmten Stellung festgehalten und mit einer Feinbewegungsschraube fein eingestellt werden. Die Ableseeinheit ist bei Nonientheodoliten oftmals etwas größer, bei Mikroskoptheodoliten jedoch meistens ebenso groß wie die des Horizontalkreises.

Ältere Instrumente sind meistens mit Kreisen ausgestattet, die rechtsläufig in 360° oder zweimal 180° geteilt sind und Höhenwinkel angeben. Bei den neueren Instrumenten sind die Kreise durchweg linksläufig von 0 bis 400^g geteilt und so beziffert, daß Zenitdistanzen abgelesen werden.

12.2 D i e A b l e s e e i n r i c h t u n g besteht aus einem oder zwei Höhenzeigern, die in Kippachsenhöhe vor dem Höhenkreis angebracht sind; außerdem ist eine Röhrenlibelle vorhanden, die vor der Ablesung zum Einspielen gebracht wird und so justiert sein soll, daß man bei horizontaler Visur den Höhenwinkel 0^g bzw. die Zenitdistanz 100^g erhält. Abgelesen wird wie an den Horizontalkreisen mit Nonien oder Mikroskopen. Bei den neueren Mikroskoptheodoliten erscheinen Horizontalwinkel und Zenitdistanzen gewöhnlich in einem Ableseokular; vgl. hierzu Band II, 13 und 14 sowie die Bilder 19, 21, 23 und 26.

Bei älteren Instrumenten sind Höhenzeiger und Röhrenlibelle — von Justiermöglichkeiten abgesehen — unbeweglich am Fernrohrträger befestigt. Die Röhrenlibelle heißt dann *Fernrohrträger- oder Bocklibelle*; sie kann nur mit

Hilfe der Fußschrauben des Instrumentes zum Einspielen gebracht werden.

Bei allen neueren Instrumenten befinden Höhenzeiger und Röhrenlibelle sich auf einer unmittelbar vor dem Höhenkreis auf der Kippachse gelagerten Platte, die mit

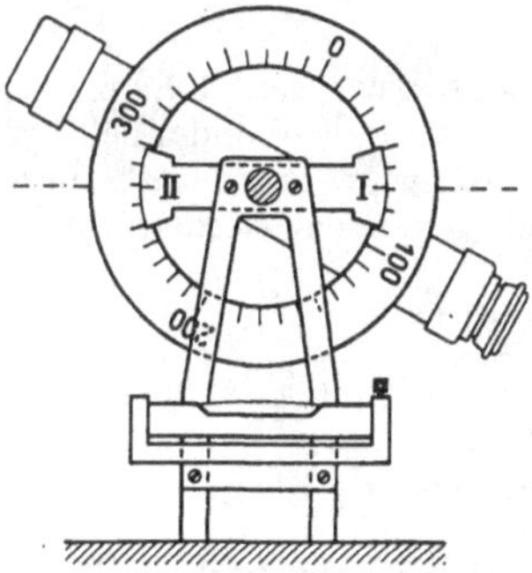

Bild 2. Libelle am Fernrohrträger.

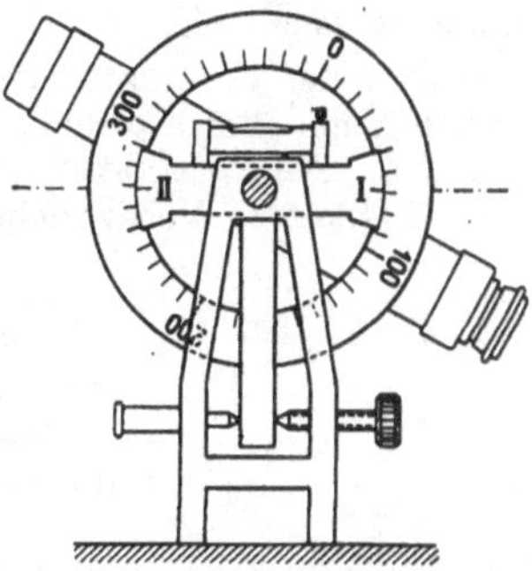

Bild 3 Libelle am Höhenzeiger.

Hilfe einer eigenen Feinbewegungsschraube in beschränktem Umfang um die Kippachse gedreht werden kann. Die Röhrenlibelle, die man bei dieser Anordnung als *Höhenzeigerlibelle* (nicht Höhen*kreis*libelle) bezeichnet, läßt sich daher, ohne daß die Stellung der Vertikalachse verändert wird, allein mit der genannten Feinbewegungsschraube zum Einspielen bringen.

Für die Messung ist die Höhenzeigerlibelle weitaus bequemer als die Bocklibelle. Infolgedessen sind die neueren Gebrauchsinstrumente durchweg mit einer Höhenzeigerlibelle ausgestattet.

Noch bequemer sind Neukonstruktionen der jüngsten Zeit, bei denen das Einstellen der Höhenzeigerlibelle sich ganz erübrigt. Beim Theodolit Zeiss Th 3 ist die Höhenzeigerlibelle durch ein Hebelsystem mit dem Vertikalkreismikrometer verbunden. Ein Blasenende ist in das Gesichtsfeld des Mikroskops neben die Mikrometerskala gespiegelt und wird dort, ohne daß die Libelle scharf eingestellt zu werden braucht, als Ableseindex benutzt; siehe hierzu in Band II das Bild 23. Die Theodolite Askania Tt und Tu haben an Stelle einer Höhenzeigerlibelle einen Kompensator, d. h. eine Einrichtung, mit der der Höhenzeiger durch den Einfluß der Schwerkraft automatisch in die richtige Lage gebracht wird.

Neben der Fernrohrträgerlibelle bzw. der Höhenzeigerlibelle befindet sich oftmals noch eine als Wendelibelle geschliffene *Nivellierlibelle* am Fernrohr. Auch mit dieser Libelle können Vertikalwinkel gemessen werden, indem

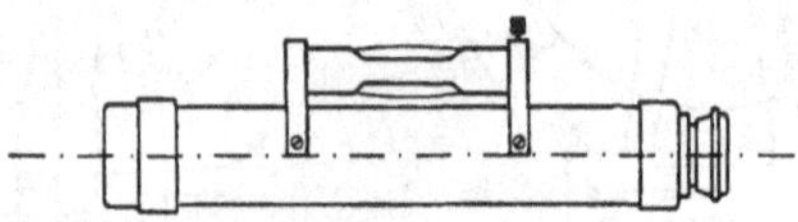

Bild 4. Fernrohrlibelle.

man mit ihrer Hilfe das Fernrohr horizontal stellt, am Höhenkreis die entsprechende Ablesung macht und diese von der bei der Visur zum Ziel erhaltenen Ablesung abzieht.

13 Das Messen von Vertikalwinkeln

13.1 Die Anordnung der Messung. Fortan wird — wenn nicht etwas anderes ausdrücklich gesagt ist — unterstellt, daß der Theodolit eine Höhenzeigerlibelle besitzt; der Höhenkreis soll in 400^g eingeteilt sein und Zenitdistanzen liefern. Diejenige Fernrohrlage, bei der der Höhenkreis vom Beobachter aus gesehen links liegt, wird kurz mit „Kreis links“ oder mit Lage I bezeichnet. Die andere Lage heißt „Kreis rechts“ oder Lage II. Sind zwei Zeiger vorhanden, so heißen sie Zeiger A und B, wobei Zeiger A in Fernrohrlage I dem Beobachter am nächsten liegt. Höhenwinkel sind aus den Zenitdistanzen rechnerisch abzuleiten.

Wie bei der Horizontalwinkelmessung wird zum Eliminieren von Instrumentalfehlern in beiden Fernrohrlagen beobachtet. Während aber bei der Horizontalwinkelmessung der Kreis feststeht und die Zeiger sich bewegen, ist es bei der Vertikalwinkelmessung umgekehrt. Ferner sind zur Bestimmung eines Horizontalwinkels zwei Richtungen einzustellen; der Vertikalwinkel dagegen wird — abgesehen von dem in 12.2 am Schluß genannten Sonderfall — durch Einstellen einer Richtung erhalten.

13.2 Berechnen von Zenitdistanzen und Indexabweichung. Die Ablesungen am Höhenkreis sind durch zwei Mängel der Ablesevorrichtung verfälscht: Die Projektion der Zielachse des Fernrohrs in die Ebene des Höhenkreises ist gegen die Verbindungsgerade der Teilstriche 100^g und 300^g um den kleinen Winkel ζ_1 geneigt, und die Achse der Höhenzeigerlibelle bildet mit der Verbindungsgeraden der beiden Zeiger (bzw. falls nur ein Zeiger vorhanden ist, mit dem Höhenkreishalbmesser durch den Zeiger) den Winkel ζ_2. Die Summe $\zeta = \zeta_1 + \zeta_2$ wird als Indexabweichung bezeichnet.

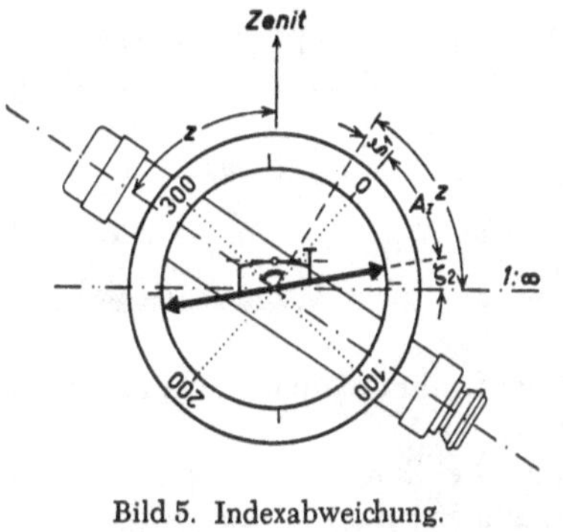

Bild 5. Indexabweichung.

Wie man dem Bild 5 entnimmt, wird ζ_1 auch von einer Normalen zur Zielachse und dem Halbmesser durch den Teilstrich „0" gebildet, und ζ_2 tritt bei einspielender Libelle auch als Winkel zwischen der Zeigerverbindungslinie und der Horizontalen auf. Denkt man sich die Zielachse in die Richtung zum Zenit, d. h. in die der Lotrichtung entgegengesetzte Richtung gebracht, so wird infolgedessen nicht 0, sondern ζ abgelesen. Demgemäß erhält man beim Anzielen eines beliebigen Punktes P, wenn A_I die Ablesung in der I. Lage ist und ζ sein Vorzeichen im Sinne einer Verbesserung erhält, gemäß Bild 6 die gesuchte Zenitdistanz z aus

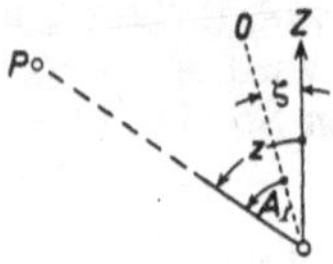

Bild 6.

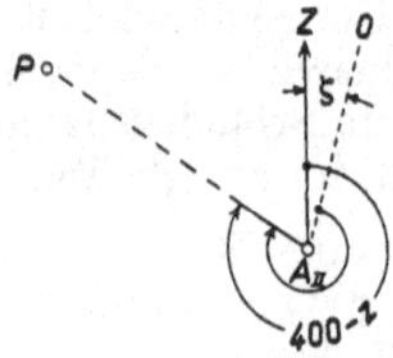

Bild 7.

$$z = A_{\mathrm{I}} + \zeta \,. \tag{1}$$

Zum Messen in der II. Fernrohrlage wird der Oberbau des Theodolits um die Vertikalachse um 200^g gedreht. Bei Visur zum Zenit kommt dann der Höhenkreishalbmesser durch 0 in eine zur I. Lage entgegengesetzte Richtung. Beim Anzielen von P aber ist nach Bild 7, wenn A_{II} die Ablesung in der II. Lage bedeutet,

$$400^g - z = A_{\mathrm{II}} + \zeta \,. \tag{2}$$

Zur Berechnung von Zenitdistanz und Indexabweichung aus den Ablesungen A_{I} und A_{II} bildet man zuerst (1) — (2) und dann (1) + (2) und erhält

$$-400^g + 2z = A_{\mathrm{I}} - A_{\mathrm{II}} \quad \text{oder} \quad 2z = (A_{\mathrm{I}} + 400^g) - A_{\mathrm{II}} \,, \tag{3}$$

$$400^g = A_{\mathrm{I}} + A_{\mathrm{II}} + 2\zeta \quad \text{oder} \quad 2\zeta = (A_{\mathrm{I}} + A_{\mathrm{II}}) - 400^g \,. \tag{4}$$

Diese Gleichungen können auf zwei Wegen ausgewertet werden:

Erster Weg: Man berechnet $2z$ und 2ζ unmittelbar nach (3) und (4).

Zweiter Weg: Man bildet die Summe $(A_{\mathrm{I}} + A_{\mathrm{II}})$ und stimmt sie auf 400^g ab; dann hat man in der verbesserten Ablesung A_{I} die gesuchte Zenitdistanz und in den Abstimmungszuschlägen die Indexabweichung (Beispiel S. 15).

Bei Instrumenten mit Höhenwinkelablesung und alter Teilung treten an die Stelle von (3) und (4) die Gl.

$$2\alpha = (A_I + 180°) - A_{II}, \tag{3a}$$

$$2\zeta = (A_I + A_{II}) - 180°. \tag{4a}$$

Beim Abstimmverfahren ist die Summe $(A_I + A_{II})$ auf 180° abzustimmen.

Eine Zenitdistanz wird daher folgendermaßen ermittelt: Nach dem Horizontieren des Theodolits mit der Alhidadenlibelle legt man den Höhenkreis nach links (I. Lage) und bringt den Horizontalfaden des Fernrohrs ins Ziel; dann läßt man die Höhenzeigerlibelle einspielen und macht die Ablesung A_I. In der II. Lage (Kreis rechts) sind die entsprechenden Handgriffe das Erfassen des Ziels mit dem Horizontalfaden, erneutes Einspielenlassen der Höhenzeigerlibelle und Ablesung A_{II}. Es folgt die Berechnung von z und ζ nach (3) und (4) oder nach der Methode des Abstimmens. Zwar wird ζ selbst meistens nicht benötigt; man bestimmt ζ jedoch, weil ζ bei allen Vertikalwinkelmessungen, die auf einem Stand gemacht werden, nahezu gleich sein muß, was eine Meßprobe bedeutet. Bei der Höhenwinkelmessung treten an die Stelle von (3) und (4) die Gleichungen (3a) und (4a).

13.3 Beseitigen der Indexabweichung. Beim Messen und Berechnen der Zenitdistanzen ist es angenehm, wenn die Indexabweichung klein ist. Für untergeordnete Messungen, die nur in einer Lage durchgeführt werden, sucht man sie ganz zu beseitigen. Das geschieht folgendermaßen:

Bei Instrumenten mit Höhenzeigerlibelle wird zunächst z nach 13.2 bestimmt. Alsdann wird der Zielpunkt — der Einfachheit halber in der I. Fernrohrlage — noch einmal scharf eingestellt und der Höhenzeiger mit Hilfe der Höhenzeiger-Feinbewegungsschraube so lange bewegt, bis die Sollablesung erscheint. In dieser Stellung wird die Höhenzeigerlibelle mit ihren Justierschrauben zum Einspielen gebracht. Bei Theodoliten mit Koinzidenzmikroskopen stellt man die Sollablesung an der Mikrometertrommel ein, bringt die Teilstriche des Höhenkreises mit Hilfe der Feinbewegungsschraube zur Koinzidenz und justiert die Libelle.

Bei Theodoliten mit Bocklibelle (12.2) wird ebenfalls zuerst nach 13.2 die Sollablesung ermittelt. Zur Beseitigung der Indexabweichung stellt man bei scharf einspielender Bocklibelle entweder die Sollablesung am Höhenkreis ein und bringt das Fadenkreuz mit Hilfe der Fadenkreuzjustierschrauben ins Ziel, oder man bringt zunächst das Fadenkreuz ins Ziel und stellt die Sollablesung durch Verschieben der Zeiger her.

13.4 G e n a u i g k e i t d e r Z e n i t d i s t a n z m e s s u n g. Der mittlere Fehler einer beobachteten Zenitdistanz läßt sich aus der mehrfachen Bestimmung von ζ errechnen. Er ist nämlich auf Grund des Fehlerfortpflanzungsgesetzes [Band I 14.4], wenn m der mittlere Beobachtungsfehler in einer Fernrohrlage ist,

$$\text{gem. (3)} \qquad m_z^2 = \frac{1}{4}\left(m^2 + m^2\right), \tag{5}$$

$$\text{gem. (4)} \qquad m_\zeta^2 = \frac{1}{4}\left(m^2 + m^2\right) = m_z^2\,. \tag{6}$$

Wenn also auf einem Stand s Zenitdistanzen in je n vollen Sätzen beobachtet sind, so berechnet man nach Band I 14.3 aus den $s \cdot n$ Beobachtungen das arithmetische Mittel aller ζ und die zugehörige Verbesserung v_ζ und hat dann schließlich als mittleren Fehler einer aus beiden Lagen gemittelten Zenitdistanz

$$m_z = m_\zeta = \pm \sqrt{\frac{[v_\zeta v_\zeta]}{s \cdot n - 1}}\,. \tag{7}$$

Die Genauigkeit der Zenitwinkelmessung hängt weniger ab von der Güte des Teilkreises und der Ablesevorrichtung als von der Angabe der Höhenzeigerlibelle und der Sorgfalt, mit der sie zum Einspielen gebracht wird. Im groben Durchschnitt kann man für eine in beiden Lagen gemessene Zenitdistanz, die mit einem der in Band II 14.32 beschriebenen neueren Ingenieurtheodoliten beobachtet ist, einen mittleren Fehler von $\pm 20^{cc}$ erwarten.

Da der Höhenkreis — von seltenen Ausnahmen abgesehen — fest auf der Achse sitzt, ist es nicht möglich, wie bei der Horizontalbeobachtung zur Verfeinerung des Ergebnisses Messungen an mehreren Kreisstellen auszuführen. Als Aushilfe kann man, wenn das Fadenkreuz drei Horizontalfäden hat, die Zenitdistanzen mit jedem der Fäden bestimmen. Dann hat jeder Faden seine eigene Indexabweichung.

13.5 Zahlenbeispiel: Beobachtungen am Vertikalkreis und Berechnung der Zenitdistanzen auf dem 2. Weg von 13.2.

Instrument: Zeiss Th³, Nr.: 15 15 43 Tag

Standpkt. TP A $i = 1{,}50$ Beobachter

Ziel	Satz	Lage	Ablesungen am Vert. Kreis	ζ	z / $400 - z$	z gemittelt	v_ζ	v_ζ^2
			g	cc	g		cc	(cc)²
TP *B*	1	I	97,3820	−20	97,3800	97,3802	−8	64
		II	302,6220	−20	302,6200			
			400,0040		400,0000			
	2	I	97,3830	−25	97,3805		−3	9
		II	302,6220	−25	302,6195			
			400,0050		400,0000			
TP *C*	1	I	97,8880	−35	97,8845	97,8842	+7	49
		II	302,1190	−35	302,1155			
			400,0070		400,0000			
	2	I	97,8870	−30	97,8840		+2	4
		II	302,1190	−30	302,1160			
			400,0060		400,0000			126
			(Mittel)	−28	$m = \pm\sqrt{\frac{126}{2 \cdot 2 - 1}} = \pm 6{,}5^{cc}$			

14 Trigonometrische Höhenübertragung auf kurze Entfernungen

Unter kurzen Entfernungen sollen Strecken verstanden werden, bei denen der Einfluß von Erdkrümmung und Refraktion auf die trigonometrische Höhenbestimmung [16] vernachlässigt werden kann.

14.1 Turmhöhenbestimmung mit horizontalem Hilfsdreieck. Gegeben ist die NN-Höhe H_a eines Punktes A, gesucht die Höhe H_t eines nahegelegenen Turms. Die Aufgabe gliedert sich in zwei Schritte:

Erster Schritt: Da die Projektion der Turmspitze gewöhnlich in das Gebäudeinnere fällt, muß die Horizontalprojektion s der Entfernung vom Instrument zum Turmknopf indirekt bestimmt werden. Dazu legt man nach Maßgabe des Bildes 8 in der Nähe des Turmes eine Basis $AB = b$ an und beobachtet auf A und B bei streng lotrechter Stehachse [Band I 51.32] die Horizontalwinkel α und β. Dann ist

Bild 8.

$$s = b \frac{\sin\beta}{\sin(\alpha + \beta)}. \tag{1}$$

Zur Probe kann s ein zweites Mal mit Hilfe des punktiert angedeuteten zweiten Hilfsdreiecks ermittelt werden.

Zweiter Schritt: Zur Bestimmung von H_t mißt man sodann die Höhe i der Kippachse über dem Bodenpunkt und erhält gem. Bild 9 die gesuchte Turmhöhe aus

$$H_t = H_a + i + s \cot z_t. \tag{2}$$

Ist H_a nicht bekannt, wohl aber die Höhe H_b eines in der Entfernung d stehenden Höhenbolzens, so bekommt man den Instrumentenhorizont $(H_a + i)$, indem man eine Nivellierlatte auf B entweder bei einspielender Fernrohrlibelle abliest oder wie in Bild 9 an der Latte l einstellt und z_b mißt. In diesem Falle ist

$$H_t = H_b + l - d \cot z_b + s \cot z_t\,. \qquad (2a)$$

Zur Probe kann die Höhe des Bolzens auch über *B* oder *C* auf *T* übertragen werden. Wegen der Form der horizontalen Hilfsdreiecke beachte man Band II 44.3. Die Länge der auf den Turm zu führenden Seiten wähle man möglichst so, daß z_t nicht kleiner als 70^g wird.

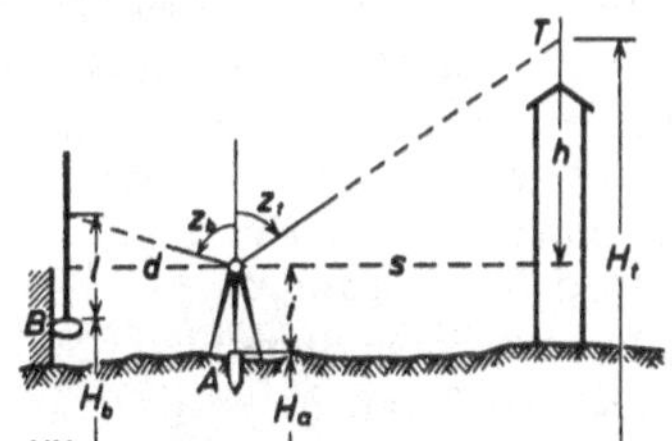

Bild 9.

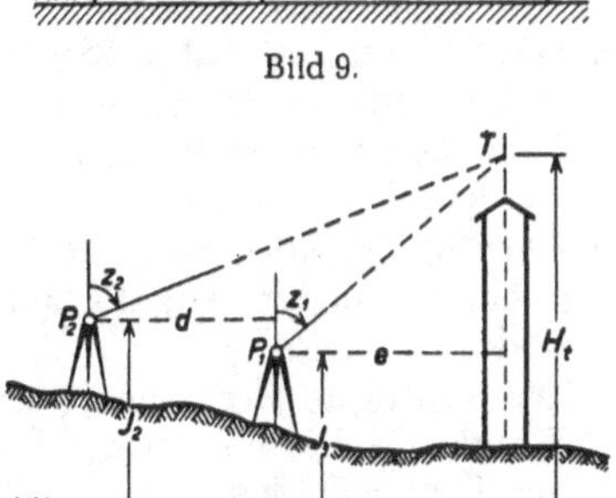

Bild 10.

14.2 Turmhöhenbestimmung mit vertikalem Hilfsdreieck. Wenn es an Raum zum Anlegen eines horizontalen Hilfsdreiecks fehlt, z. B. weil die Turmspitze nur von einer schmalen Straße aus anzumessen ist, so nimmt man nach Bild 10 das vertikale Hilfsdreieck P_1 P_2 T zur Hilfe. Die Hilfspunkte P_1 und P_2 wählt man so, daß P_1, P_2 und T in einer Vertikalebene liegen, und macht folgende Arbeitsgänge:

a) Messen der horizontalen Strecke $P_1 P_2 = d$.

b) Bestimmen der Instrumentenhorizonte $J_1 = H_1 + i_1$ und $J_2 = H_2 + i_2$ wie in 14.1.

c) Messen der Zenitdistanzen z_1 und z_2.

d) Berechnen von e, indem man nach dem Bild 10 ansetzt

$$H_t = J_1 + e \cot z_1 = J_2 + (d + e) \cot z_2 \qquad (3)$$

und daraus ableitet

$$e = \frac{d \cot z_2 + J_2 - J_1}{\cot z_1 - \cot z_2}. \tag{4}$$

e) Zweimalige Berechnung von H_t nach (3).

f) Zur Probe Wiederholen der Messungen mit etwas veränderter Höhenlage des Theodolits.

Die Turmhöhenbestimmung in einer Vertikalebene ist beträchtlich ungenauer als die mit einem horizontalen Hilfsdreieck, weil die Visuren, durch die H_t bestimmt wird, sich unter einem recht spitzen Winkel schneiden. Man beachte daher folgendes:

a) Den vorderen Standpunkt P_1 bringe man möglichst nahe an den Turm ($z_1 \approx 50^g$). Die Länge von d soll etwa zwei Turmhöhen betragen, womit $z_2 \approx 80^g$ wird.

b) Die Strecke d ist mit großer Sorgfalt zu messen.

c) Die Zenitdistanz im hinteren Stand P_2 soll mit größerer Genauigkeit (doppelte Anzahl von Sätzen) beobachtet werden als die in P_1.

d) Die Höhenübertragung ist auf dem hinteren Standpunkt P_2 anzusetzen; die auf P_1 dient nur zur Kontrolle.

e) Die günstigste Bestimmung erhält man, wenn sich für P_1 und P_2 die Standorte auf entgegengesetzten Seiten des Turmes finden lassen*).

14.3 B e i m t r i g o n o m e t r i s c h e n N i v e l l e m e n t werden wie beim geometrischen Nivellement zur Überbrückung größerer Entfernungen mehrere Einzelhöhenunterschiede aneinandergereiht, die über Zielweiten bis etwa 200 m mit Hilfe von Zenitdistanzen und Entfernungen ermittelt werden. Aus Bild 11, in dem der Index r den Rückblick und der Index v den Vorblick an-

*) Köhr, J., Fehlertheorie der Turmhöhenbestimmung in einer Vertikalebene. Zeitschr. f. Verm.Wesen 1951, S. 193.

deutet, entnimmt man als Grundgleichung für einen Höhenunterschied

$$H_b - H_a = h = (l_r - h_r) - (l_v - h_v)$$

$$\text{oder } h = s_v \cot z_v - s_r \cot z_r + l_r - l_v . \qquad (5)$$

Macht man alle l_r und l_v gleich groß (z. B. 2 Meter), so fallen sie heraus. Man erhält dann umgekehrt wie beim geometrischen Nivellement den Höhenunterschied aus Vorblick minus Rückblick.

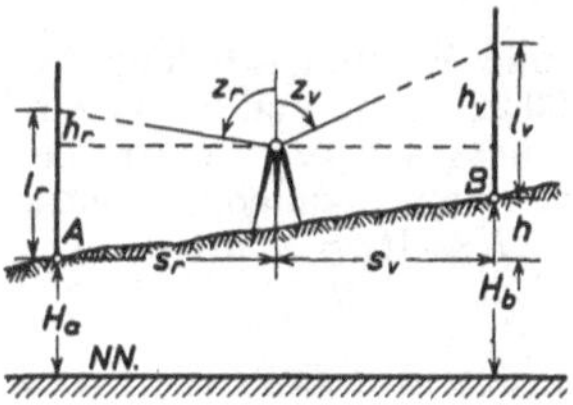

Bild 11.

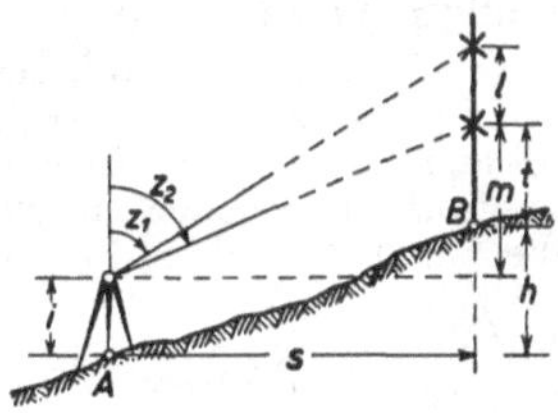

Bild 12.

Ist die Entfernung vom Instrument zur Ziellatte unbekannt, so kann man sie indirekt bestimmen, indem man die Zenitdistanzen nach zwei um den Abstand l voneinander entfernten Lattenstrichen mißt. Dann ist nach Bild 12

$$s \cot z_1 = l + m ; \quad s \cot z_2 = m$$

$$\text{und} \quad s = \frac{l}{\cot z_1 - \cot z_2} , \qquad (6)$$

$$h = s \cot z_1 + i - l - t = s \cot z_2 + i - t . \qquad (7)$$

l (1 oder 2 Meter) muß um so sorgfältiger bestimmt werden, je steiler die Sicht ist. Bei großen Zielweiten markiere man die Ablesestellen an der Latte durch Zieltafeln.

Sollen die Höhen von Polygonpunkten ermittelt werden, so beobachtet man die Zenitdistanzen nur auf jedem zweiten Punkt und stellt auf den Zwischenpunkten Zieltafeln auf, deren Horizontalstrich ebenso hoch über dem Dreifuß liegt wie die Kippachse des Instruments. Auf jedem Polygonpunkt ist die Bodenhöhe der Kippachse bzw. der Zieltafel zu vermerken.

15 Die Genauigkeit der trigonometrischen Höhenmessung auf kurze Entfernungen

hängt sehr wesentlich davon ab, ob die vernachlässigten Einflüsse von Erdkrümmung und Refraktion zu der Genauigkeit der Zenitdistanzmessung und der Streckenbestimmung in einem richtigen Verhältnis stehen.

Der Einfluß von Erdkrümmung und Refraktion beträgt, wie in 15.1 gezeigt werden wird, auf 100 m, 200 m und 500 m rund 0,7 mm, 2,8 mm und 18 mm. Um die Auswirkungen der Messungsungenauigkeiten überschlagen zu können, differentiiere man die Gl. 11 (1) und erhält, wenn man $H_2 - H_1 = h$ setzt,

$$dh = \cot z \, ds - \frac{s}{\sin^2 z} \cdot \frac{d_z}{\varrho} + di - dt. \qquad (1)$$

Unterstellt man, daß die Zenitdistanzen in zwei unabhängigen Sätzen gemessen wurden, so kann man ausgehend von der in 13.4 angegebenen Meßgenauigkeit $dz = 20^{cc}/\sqrt{2} \approx 15^{cc}$ setzen. ds wird zweckmäßig so gewählt, daß das erste Glied die gleiche Größenordnung bekommt wie das zweite. Setzt man dazu versuchsweise $ds = 0{,}0015\sqrt{s}$, so ergeben sich für das 1. und 2. Glied von (1) die in der nachstehenden Tabelle eingetragenen Millimeterbeträge:

z \ s	1. Glied 100 m	200 m	500 m	2. Glied 100 m	200 m	500 m
90^g	2,4	3,4	5,4	2,4	4,8	12,0
70^g	7,6	10,8	17,1	2,9	5,9	14,7
50^g	15,0	21,2	33,6	4,7	9,4	23,5

Nach dieser Tabelle liefern Beobachtungen mit den mittleren Fehlern $m_z = \pm 15^{cc}$ und $m_s = \pm 0{,}0015\sqrt{s}$ Fehler der gleichen Größenordnung; nur bei Steilvisuren sind die Strecken noch etwas sorgfältiger zu ermitteln. Mißt man die Zenitdistanzen genauer oder weniger genau, so muß die Genauigkeit der Streckenbestimmung im gleichen Verhältnis gesteigert oder vermindert werden. Außerdem müssen i und t mit entsprechender Sorgfalt bestimmt werden.

Werden die Fehlerbestandteile der Gleichung (1) nach dem Fehlerfortpflanzungsgesetz [Band I 14 (12)] quadratisch addiert und dabei m_i und m_t mit ± 2 mm in Rechnung gestellt, so darf man als mittleren Gesamtfehler der beobachteten Höhenunterschiede nachstehende Millimeterbeträge erwarten:

z \ s	100 m	200 m	500 m
90^g	4,4	6,5	13,4
70^g	8,5	12,7	22,7
50^g	16,0	23,4	41,1

$$m_z = \pm 15^{cc}$$
$$m_s = \pm 0{,}0015 \sqrt{s}$$
$$m_i = \pm 2 \text{ mm}$$
$$m_t = \pm 2 \text{ mm}$$

Bei Strecken bis zu 200 m sind diese Fehlerbeträge rund viermal so groß wie die Auswirkungen von Erdkrümmung und Refraktion, während bei 500 m beide die gleiche Größenordnung haben. Kurze Entfernungen im Sinne des einleitenden Satzes sind also Strecken bis etwa 250 m. Diese Entfernung wird bei der Bestimmung von Turm- und Gebäudehöhen oder bei trigonometrischen Nivellements kaum jemals überschritten werden.

Die in der obigen Tabelle errechneten Beträge können daher unmittelbar zum Abschätzen der mit einer einzelnen Höhenunterschiedsbestimmung erreichbaren Genauigkeit in 14.1 und 14.3 dienen. In 14.2 ist die Fehlerberechnung komplizierter; es sei dazu auf die Literaturangabe auf S. 18 Anm. verwiesen. In 14.3 ist der mittlere Fehler des Gesamthöhenunterschiedes wie beim geometrischen Nivellement [Band I 75] gleich der Wurzel aus der Anzahl der Einzelhöhenunterschiede.

16 Trigonometrische Höhenübertragung über große Entfernungen

16.1 E r d k r ü m m u n g und R e f r a k t i o n bewirken, daß bei größeren Entfernungen die Strecke AB des

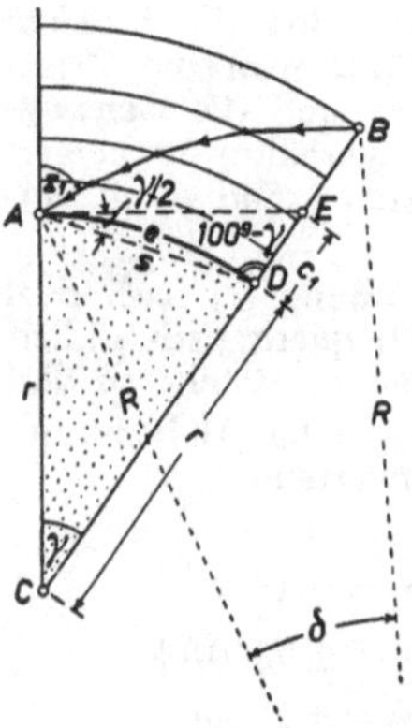

Bild 13.

Bildes 1 als Kreisbogen behandelt werden muß und daß auch der Zielstrahl AB in einen flachen Bogen übergeht. Zur Vereinfachung der nachstehenden Darstellung sind in Bild 13 die Instrumentenhöhe i und die Tafelhöhe t fortgelassen worden.

Infolge der *Erdkrümmung* schneidet eine Tangentialebene, die in A an die als Kugel gedachte Erde gelegt ist, die den Punkt B enthaltende Flächennormale im Abstand c_1 von der Erdoberfläche. Zur Ermittlung von c_1 beachte man, daß im Bild 13 der Winkel DAE gleich dem halben Zentriwinkel γ, also gleich $e/2r$ ist. Dann folgt auf Grund des Sinussatzes, da genau genug $e \approx s$ und damit $\sin \gamma/2 \approx s/2\,r$ ist,

$$c_1 = \frac{s \sin \gamma/2}{\sin (100^g - \gamma)} = \frac{s \sin \gamma/2}{\cos \gamma} \approx \frac{s\,\gamma/2 + \ldots}{1 + \ldots}$$

oder

$$c_1 \approx \frac{s^2}{2\,r} + \ldots \qquad (1)$$

Mit dieser Überschlagsformel ergibt sich:

auf	100 m	200 m	500 m	1000 m	5 km	10 km
$c_1 =$	0,8 mm	3,2 mm	2,0 cm	7,9 cm	1,96 m	7,9 m.

Die *Refraktion* entsteht in der Hauptsache dadurch, daß die Dichte der Luft mit wachsender Höhe abnimmt. Denkt man sich die Luft als eine Folge aufeinanderliegender Schichten, deren Dichte nach oben zu immer geringer wird, so wird ein von A *ausgehender* Lichtstrahl fortlaufend zum dichteren Medium hin abgebrochen. Die so entstehende Lichtkurve wird in erster Näherung als Kreisbogen mit dem Radius R betrachtet, und man weiß aus Erfahrung, daß $R \approx 8\,r$ ist. Man rechnet jedoch nicht mit R, sondern benutzt den *Refraktionskoeffizienten* $k = r/R$.

Zur Verdeutlichung der geometrischen Zusammenhänge ist der obere Teil des Bildes 13 im Bild 14 herausgezeichnet, und es ist dabei berücksichtigt worden, daß γ und der der Lichtkurve AB entsprechende Zentriwinkel δ (siehe

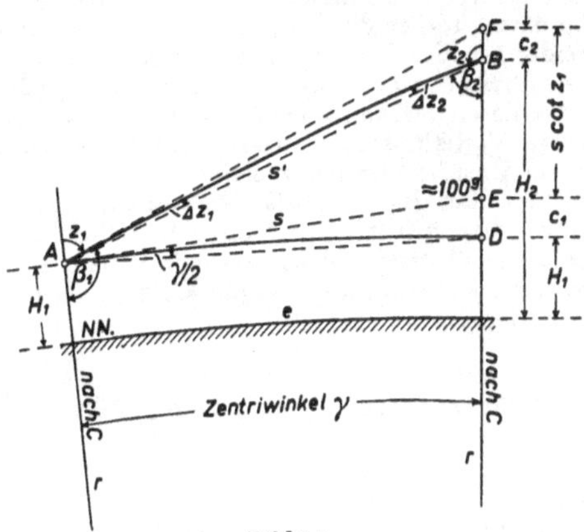

Bild 14.

Bild 13) sehr kleine Winkel sind. Man erkennt weiter, daß bei längeren Sichten zumal im Flach- und Hügelland die Zenitdistanzen nur wenig von 100^g abweichen. Schließlich ist genau genug $r \approx r + H$. Also kann ohne Genauigkeitsverlust $AD \approx AE \approx AB \approx AF \approx s$ gesetzt werden. Damit ergibt sich, da der Sehnentangentenwinkel $\Delta z_1 = \frac{1}{2}\,\delta$ ist, durch Wiederholung des auf (1) führenden Gedankengangs

$$c_2 \approx \frac{s^2}{2R} \approx \frac{k\,s^2}{2\,r}\,. \tag{2}$$

Die danach berechneten Beträge für c_2 machen für $R = 8\,r$ nur $^1/_8$ der entsprechenden Werte von c_1 aus und sind ihnen, wie Bild 14 erkennen läßt, im Vorzeichen entgegengesetzt. Die Wirkung der Erdkrümmung wird also durch die Refraktion um rund $^1/_8$ vermindert.

Der Refraktionskoeffizient hat für $R = 8\,r$ den Wert $k = 0{,}13$. k ist indessen abhängig von der Luftdichte, und diese ist ihrerseits wieder eine Funktion vor allem des Luftdrucks, der Lufttemperatur und der Luftfeuchtigkeit. In Bodennähe wird k ferner durch die verschiedenartige Gestaltung und Bewachsung der Erdoberfläche, ferner durch die in Band II 24.1 beschriebenen Erscheinungen der Einstrahlung und Ausstrahlung in oftmals schwer übersehbarer Weise beeinflußt. k ist daher regionalen und zeitlichen Schwankungen unterworfen, die schon unter normalen Verhältnissen $\pm 0{,}04$ betragen können. Noch größer ist die Unsicherheit bei Zielungen über offene Wasserflächen, Wälder und Industriegelände; verhältnismäßig sichere Werte dagegen hat man im Hochgebirge bei Visuren gefunden, die großen Bodenabstand haben. Auch innerhalb eines Tages kann k um 20 % schwanken, wobei die kleinsten Werte mittags gefunden werden.

16.2 Höhenunterschiede aus einseitig beobachteten Zenitdistanzen. Aus Bild 14 ist abzulesen

$$h = H_2 - H_1 = s \cot z_1 + c_1 - c_2 \,. \tag{3}$$

Daraus folgt durch Einsetzen von (1) und (2), wenn noch gem. 11 (1) die Instrumentenhöhe i und die Tafelhöhe t hinzugefügt werden,

$$h = H_2 - H_1 = s \cot z + (1-k)\frac{s^2}{2\,r} + i - t \,. \tag{4}$$

Wird k zu 0,13 und r zu 6370 km genommen und im Korrekturglied s in km angesetzt, so ist

$$h = H_2 - H_1 = s \cot z + 0{,}068\, s_{\mathrm{km}}^2 + i - t \,. \tag{5}$$

Für genaueste Messungen bezieht man die ganze Rechnung auf die Mittelhöhe $H_m = \frac{1}{2}(H_1 + H_2)$ und berücksichtigt im zweiten Glied von (5), daß in (3) an Stelle von s richtiger s' stehen muß. Dann erhält man als vervollständigte Formel für die trigonometrische Höhenübertragung auf weite Entfernungen

$$H_2 - H_1 = s\left(1 + \frac{H_m}{r}\right)\cot z + (1-k)\frac{s^2}{2\,r\sin^2 z} + i - t\,. \quad (6)$$

Dabei ist $H_2 - H_1$ die lotrechte Entfernung des Punktes B von der durch A gelegten Kugelfläche mit dem Halbmesser $(r + H_1)$.

Um die Meereshöhe von B zu gewinnen, ist noch der — im Rahmen der hier erstrebten Genauigkeit meistens zu vernachlässigende — Abstand der genannten Kugel vom Geoid in Rechnung zu stellen. Das ist indessen eine Aufgabe der höheren Geodäsie, die hier nicht behandelt werden kann.

16.3 *h* und *k* aus gegenseitigen Zenitdistanzen. In dem Dreieck ABC (Bild 14) bezeichne man vorübergehend den Winkel BAC mit β_1 und den Winkel CBA mit β_2. Dann gibt der ebene Tangenssatz

$$\frac{(r+H_2)-(r+H_1)}{(r+H_2)+(r+H_1)} = \frac{\tan 1/2\,(\beta_1-\beta_2)}{\tan 1/2\,(\beta_1+\beta_2)}\,. \quad (7)$$

Wegen

$$\beta_1 = 200^g - (z_1 + \Delta z_1)\,; \quad \beta_2 = 200^g - (z_2 + \Delta z_2)\,,$$

$$\tan 1/2\,(\beta_1+\beta_2) = \cot 1/2\,\gamma$$

ist

$$H_2 - H_1 = 2\,r\left(1 + \frac{H_2 + H_1}{2\,r}\right)\frac{\tan 1/2\,(z_2 + \Delta z_2 - z_1 - \Delta z_1)}{\cot 1/2\,\gamma}\,.$$

Man setze wieder $\frac{1}{2}(H_2 + H_1) = H_m$ und, da γ ein kleiner Winkel ist, $\tan\,\gamma \approx s/r$; dann ist

$$2\,r : \cot \gamma/2 = 2\,r \cdot \tan \gamma/2 \approx s\,. \quad (8)$$

Betrachtet man ferner die Lichtkurve als Kreisbogen, so

ist $\Delta z_1 = \Delta z_2$, und man erhält als Formel für die trigonometrische Höhenübertragung aus Gegensichten

$$h = H_2 - H_1 = s\left(1 + \frac{H_m}{r}\right) \tan \frac{z_2 - z_1}{2}. \tag{9}$$

Die Annahme, daß die Lichtkurve ein Kreisbogen ist, ist nur dann ausreichend gerechtfertigt, wenn das Geländeprofil auf A und B einigermaßen gleichmäßig ausgebildet ist, die atmosphärischen Verhältnisse auf beiden Seiten einander entsprechen und die gegenseitigen Zenitdistanzen gleichzeitig beobachtet wurden.

Nur unter diesen Voraussetzungen folgt aus (9), daß bei der Beobachtung von gegenseitigen Zenitdistanzen Erdkrümmung und Refraktion herausfallen.

Unter den genannten Voraussetzungen kann aus gegenseitigen Zenitdistanzen auch k berechnet werden. Im Dreieck $A\,B\,C$ des Bildes 14 ist nämlich

$$z_1 + \Delta z_1 + z_2 + \Delta z_2 = 200^g + \gamma. \tag{10}$$

Nun ist, wenn der Lichtstrahl $A\,B$ als Kreisbogen betrachtet und (8) beachtet wird,

$$\Delta z_1' = \Delta z_2 \approx \frac{s}{2R} \approx \frac{s \cdot k}{2r} \approx 1/2\,\gamma \cdot k.$$

Einsetzen in (10) gibt

$$z_1 + z_2 + \gamma \cdot k = 200 \;\; + \gamma,$$

$$k = 1 - \frac{z_1 + z_2 - 200}{\gamma}$$

oder mit $\gamma = \varrho\, s/r$

$$1 - k = \frac{z_1 + z_2 - 200^g}{\varrho} \cdot \frac{r}{s}. \tag{11}$$

Diese Formel läßt sich folgendermaßen auswerten:

Hat man ein trigonometrisches Höhennetz von einiger Ausdehnung zu beobachten, so messe man möglichst viel gleichzeitige und gegenseitige Zenitdistanzen, errechne daraus h und k und bilde durch Mittelung der k einen regionalen Refraktionskoeffizienten, mit dem die einseitig beobachteten Zenitdistanzen berechnet werden. Ein einfaches Approximationsverfahren zur Ausgleichung eines trigonometrischen Höhennetzes findet sich im § 40 der von dem Bearbeiter herausgegebenen „Grundzüge der Ausgleichungsrechnung“*).

16.4 Zahlenbeispiel zu 16.2 und 16.3.

Einseitige Zenitdistanzen nach Gl. (5):

Beobachtet: $z_1 = 98{,}6750^g$; $i = 1{,}42$ m; $t = 6{,}10$ m; $s = 1578{,}1$ m.

Gl. (5a): $h = 1578{,}1 \cdot 0{,}020816 + 0{,}17 + 1{,}42 - 6{,}10 = 28{,}34$ m

Gegenseitige Zenitdistanzen nach Gl. (9) und (11):

Beobachtet nach Reduktion auf die Stationsnullpunkte

$$z_1 = 98{,}8638^g; \quad z_2 = 101{,}1510^g; \quad s = 1578{,}1 \text{ m}.$$

$$\text{Gl. (9)}: h = 1578{,}1 \cdot 0{,}017965 = 28{,}35 \text{ m};$$

$$\text{Gl. (11)}: k = 1 - \frac{148 \cdot 6370}{636620 \cdot 1{,}58} = 0{,}063\,.$$

17 Reduktion von Zenitdistanzen auf den Stationsnullpunkt

Für die trigonometrische Höhenübertragung über große Entfernungen werden als Stand- und Zielpunkte häufig Türme benutzt. Oft müssen auf einem Turm für die Beobachtungen in den verschiedenen Richtungen verschiedene Theodolitstände benutzt werden, und wenn ein Turm Zielpunkt ist, werden von den benachbarten Beobachtungsstationen aus Hilfsziele angeschnitten, die in verschiedenen Höhen liegen. In solchen Fällen reduziert man alle Beobachtungen auf den jeweiligen Stationsnullpunkt und

*) Vgl. auch Lichte, H., Die Ausgleichung umfangreicher Höhennetze. Zeitschr. f. Verm.Wesen 1949, S. 2.

wählt dabei als solchen zweckmäßig die Kippachsenhöhe des Theodolitstandes, von dem aus die meisten Beobachtungen gemacht sind oder der von den meisten Beobachtungsstationen aus angeschnitten ist.

Die Reduktion entspricht der Zentrierung bei der Horizontalwinkelmessung. Die Formeln lassen sich aus den Bildern 15 und 16 leicht ablesen. Es seien B_1 und B_2 zwei Nebenbeobachtungsstände, Z_1 und Z_2 zwei Nebenziel-

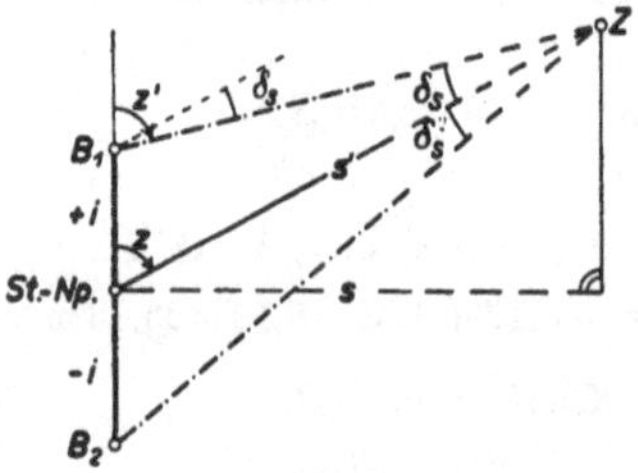

Bild 15.

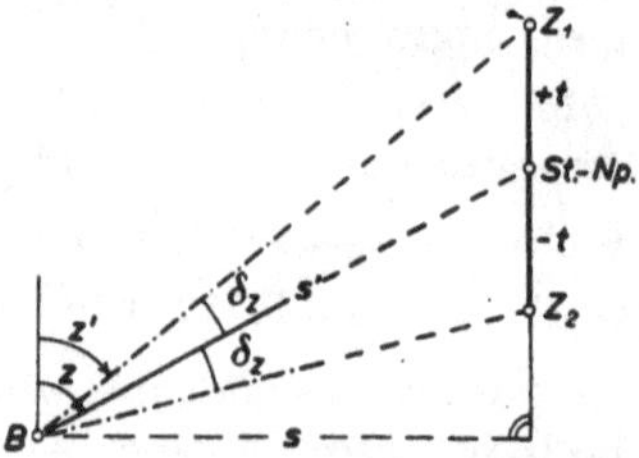

Bild 16.

punkte; die Bedeutung und die Vorzeichen von i und t entnehme man den Bildern. Die in B_1 oder B_2 beobachtete Zenitdistanz sei z', die gesuchte sei z. Dann ist im Bild 15 im oberen Dreieck $\sin \delta_s = \sin z' \, i/s'$. Da aber $s' = s \, \sin z \approx s \sin z'$ ist und i einige Meter nicht überschreitet, ist

$$\delta_s^{cc} = \frac{i}{s} \, \varrho^{cc} \sin^2 z' \qquad \text{und} \qquad z = z' - \delta_s \,. \tag{1}$$

Ebenso gibt Bild 16 für Zielpunktsreduktionen

$$\delta_z^{cc} = \frac{t}{s} \, \varrho^{cc} \sin^2 z \qquad \text{und} \qquad z = z' + \delta_z \,. \tag{2}$$

Im Flachland ist $\sin^2 z \approx 1$ und daher genau genug

$$\delta_s^{cc} = \frac{i}{s} \, \varrho^{cc} \qquad \text{und} \qquad \delta_z^{cc} = \frac{t}{s} \, \varrho^{cc} \,. \tag{3}$$

Für die δ' in den unteren Dreiecken der Bilder 15 und 16 gelten, abgesehen vom Vorzeichen, dieselben Beziehungen.

18 Genauigkeit der trigonometrischen Höhenübertragung über große Entfernungen

Um den Einfluß der einzelnen Messungselemente auf das Ergebnis kennenzulernen, ist 16 (4) zu differenzieren. Das gibt mit $H_2 - H_1 = h$

$$\mathrm{d}h = \left(\cot z + \frac{1-k}{r}\, s\right) \mathrm{d}s - \frac{s}{\sin^2 z}\, \mathrm{d}z - \frac{s^2}{2r}\, \mathrm{d}k + \mathrm{d}i - \mathrm{d}t\,. \quad (1)$$

In der Klammer des ersten Gliedes ist der Ausdruck $(1-k)/r$ für die Zahlenrechnung bedeutungslos. z ist bei großen Entfernungen so nahe an 100^g, daß $\cot z < 0{,}1$ und $\sin z \approx 1$ ist. Benutzt man sodann für $\mathrm{d}s$ den in 15 eingeführten Fehleransatz $0{,}0015\sqrt{s}$, so erkennt man, daß der Einfluß von $\mathrm{d}s$ mit $\sqrt{s}$, der Einfluß von $\mathrm{d}z$ mit s und von $\mathrm{d}k$ mit s^2 wächst. Der Einfluß von $\mathrm{d}s$ ist jedoch absolut betrachtet so gering, daß er überhaupt vernachlässigt werden kann. Man erhält demnach, wenn man anstatt der Differentiale mittlere Fehler einführt und das Fehlerfortpflanzungsgesetz [Band I 14 (12)] anwendet,

$$m_h^2 = \left(\frac{s}{\varrho}\right)^2 m_z^2 + \left(\frac{s^2}{2r}\right)^2 m_k^2 + m_i^2 + m_t^2\,. \quad (2)$$

Drückt man hierin m_h, m_i und m_t in mm, m_z in Neusekunden und s in km aus, so lautet der Ansatz mit abgerundeten Koeffizienten

$$m_h^2 = (2\,s)^2\, m_z^2 + (80\, s^2)^2\, m_k^2 + m_i^2 + m_t^2\,. \quad (3)$$

Um einen zahlenmäßigen Überblick zu gewinnen, nehme man an, es sei jede Zenitdistanz mit einem guten Skalenmikroskoptheodolit viermal in jeder Lage beobachtet, so daß ausgehend von dem in 13.4 angegebenen mittleren Fehler einer einmaligen Messung $m_z = \pm\, 10^{cc}$ wird. Gemäß 16.1 werde $m_k = \pm\, 0{,}04$ gesetzt; weiter sei $m_i = \pm\, 10$ mm und, da die Tafel meistens ziemlich hoch ist, $\varepsilon_t = \pm\, 20$ mm angenommen.

Dann ergibt sich auf Grund von (3), wenn die Ergebnisse der Übersicht halber in cm ausgedrückt werden, folgende Tabelle:

s_{km}	Fehleranteil in cm aus			Mittlere Gesamtfehler in cm
	Zenit-dist.	Re-frak-tion	i und t	
2	± 4	± 1,3	±2,3	± 4,8
3	6	2,9	2,3	7,0
4	8	5,8	2,3	10,1
5	10	9,0	2,3	13,6
6	12	13,0	2,3	17,8
8	16	23,0	2,3	28,1
10	20	40,0	2,3	44,8

Wie die 2. und die 3. Spalte zeigen, übertrifft der aus der Zenitdistanzmessung herrührende Fehler bis zu etwa 5 km die Unsicherheiten, die die Refraktion bewirkt. Über 5 km nimmt deren Einfluß so schnell zu, daß das Messungsergebnis, auch wenn man nur mittlere Genauigkeit erstrebt, nicht mehr tragbar ist. Wenn andererseits, wie es im Hochgebirge der Fall ist, die Refraktionsunsicherheit viel geringer ist, als in der obigen Tabelle angenommen wurde, so lohnt es sich, auch z, i und t mit wesentlich höherer Genauigkeit zu bestimmen, um ein Ergebnis zu erzielen, das bei wesentlich geringerem Messungsaufwand an die Genauigkeit des Nivellements heranreicht*).

2 Barometrische Höhenmessung

21 Physikalische Grundlagen

Der Luftdruck, der im Durchschnitt gleich dem Druck einer 760 mm hohen Quecksilbersäule ist, nimmt mit wachsender Meereshöhe ab. Die Druckabnahme je Längeneinheit ist indessen nicht konstant, sondern mit zunehmender Höhe verlangsamt sie sich, so daß einer Druckminderung um 1 mm Hg im Meeresniveau eine Höhenzunahme von rd. 10 m, auf 3000 m

*) Brocks, K., Meteorologische Hilfsmittel für die geodätische Höhenmessung. Zeitschr. f. Verm.Wesen 1950, S. 71 ff. Finsterwalder, R., Über Art und Genauigkeit trigonometrisch bestimmter Höhen. Zeitschr. f. Verm.Wesen 1951, S. 129 ff.

hohen Bergen dagegen von rd. 14 m entspricht. Der Luftdruck ist außerdem von der Lufttemperatur und in geringerem Umfang von der Luftfeuchtigkeit und von der geographischen Breite abhängig [27]. Er wird schließlich durch die meteorologischen Vorgänge im Luftmeer beeinflußt. Durch das Messen des Luftdrucks können infolgedessen keine absoluten Höhen bestimmt, sondern lediglich Höhenunterschiede ermittelt werden.

Man mißt den Luftdruck, indem man ihn mit einem Gegendruck vergleicht. Zum Erzeugen des Gegendrucks benutzen die Quecksilberbarometer den Druck einer Quecksilbersäule, die Federbarometer die Spannkraft einer mit einer luftleeren Dose verbundenen Blattfeder oder die einer elastischen Röhrenfeder, die Gaskammerbarometer ein unter bekannter Spannung stehendes abgeschlossenes Gas und die Siedebarometer die Spannkraft des Dampfes bei siedendem Wasser.

22 Die Quecksilber- oder Hg-Barometer

Man unterscheidet in konstruktiver Hinsicht Heberbarometer und Gefäßbarometer. Vgl. Bild 17—19.

22.1 Das Heberbarometer besteht aus einem Glasrohr, das am oberen Ende zusammengeschmolzen und am unteren Ende U-förmig nach oben umgebogen und offen ist. Wird in das luftleer gemachte Rohr Hg eingefüllt, so wird das Hg durch den Druck der auf dem offenen Ende lastenden Luft in dem zugeschmolzenen Ast so weit nach oben gedrückt, bis der den unteren Hg-Spiegel überragende Teil der Hg-Säule dem Luftdruck die Waage hält. Als Maß für den Luftdruck benutzt man gewöhnlich die Länge l dieses Teils der Hg-Säule in mm und bezeichnet den Druck von 1 mm Hg als 1 Torr.

Zur Ermittlung von l wird am Barometer ein fester oder ein beweglicher Maßstab angebracht. Beim festen Maßstab erhält man l als Differenz der Ablesungen an beiden Hg-Spiegeln; wenn der Maßstab dagegen auf- und abbewegt werden kann, stellt man seinen Nullstrich auf den unteren Hg-Spiegel ein und liest l am oberen Hg-Spiegel ab. Wird der gebogene Teil des Rohrs durch ein Gefäß mit beweglichem Boden ersetzt, so lassen beide Hg-Spiegel sich um den gleichen Betrag heben oder senken. Man kann l dann an verschiedenen Stellen des (festen) Maßstabs ermitteln und erhält dadurch nicht nur eine Kontrolle, sondern außerdem im arithmetischen Mittel aller

Beobachtungen einen verfeinerten Wert von l. Dieser Typ wird als *Gefäßheberbarometer* bezeichnet.

22.2 Das Gefäßbarometer. Um das Hg vor Verunreinigung zu schützen, werden Barometer gebaut, bei denen ein senkrecht angeordnetes luftleeres Steigrohr in ein mit Hg gefülltes Gefäß hineinreicht, das mit einem Schraubdeckel verschlossen ist. Der Deckel ist mit einer feinen Durchbohrung versehen, durch die die Luft das im Gefäß befindliche Hg in

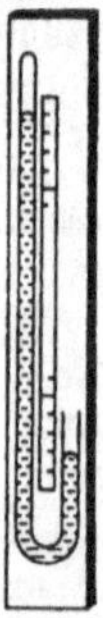

Bild 17. Heberbarometer.

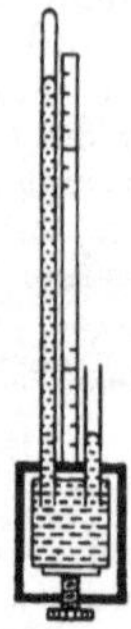

Bild 18. Gefäßheberbarometer.

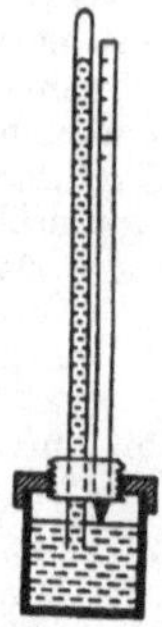

Bild 19. Gefäßbarometer.

dem Steigrohr nach oben drückt. l ist dann gleich der Differenz der Hg-Spiegel im Gefäß und im Steigrohr. Zur Messung von l gibt es verschiedene Möglichkeiten:

Beim Gefäßbarometer vom Typ *Fortin* ist das untere Ende des Maßstabes als feine Spitze ausgebildet. Zum Ablesen wird der untere Hg-Spiegel durch Heben oder Senken des Gefäßbodens an diese Spitze herangeführt und l allein am oberen Hg-Spiegel abgelesen.

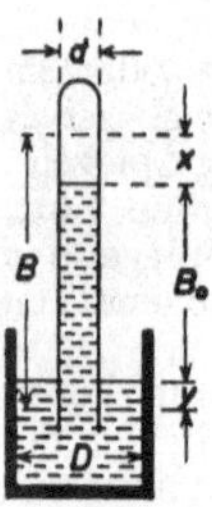

Bild 20.

Beim Gefäßbarometer vom Typ *Fueß* ist auf der Rohrwandung eine „reduzierte" Skala aufgetragen, die folgendermaßen entsteht: Bei einem bestimmten bekannten Luftdruck B_0 werden an der Skala auch B_0 abgelesen. Steigt der Luftdruck nun von B_0 auf B, so ist nach Bild 20 $B - B_0 = x + y$, und wenn man y mit Hilfe der Gleichgewichtsbedingung $x\,d^2 = y\,(D^2 - d^2)$ eliminiert, so ist

$$B - B_0 = x\left(1 + \frac{d^2}{D^2 - d^2}\right). \tag{1}$$

Man erhält also $(B - B_0)$ allein aus der Ablesung am oberen Hg-Spiegel, wenn als Teilungseinheit der Klammerausdruck in (1) genommen wird. Mit $B_0 = 700$ Torr, $d = 10$ mm und $D = 50$ mm ist die Teilungseinheit $1 + 100 : (2500 - 100) = 1{,}042$ mm.

Barometer, an denen die Gefäßkorrektion rechnerisch anzubringen ist, werden heute nicht mehr gebaut.

22.3. Normalbarometer, Stationsbarometer und Reisebarometer. Die Firmen bezeichnen ihre Barometer nicht nach den Konstruktionsprinzipien, sondern nach dem Verwendungszweck.

Normalbarometer werden zur Eichung und zu Beobachtungen auf wichtigen Stationen verwendet. Sie müssen in sich vollkommen kontrollierbar sein. Diese Möglichkeit bietet allein das Gefäßheberbarometer [22.1]. Als Beispiel sei das Normalbarometer 2*k* von Fueß genannt, dessen Ablesegenauigkeit nach Angabe der Firma ± 0,02 Torr beträgt. Gibt dieses Barometer bei unterschiedlichen Hg-Ständen im Gefäß übereinstimmende Werte von l, so ist es einwandfrei. Andernfalls muß es (zum Entfernen von eingedrungener Luft, zum Reinigen des Hg, zum Säubern der Ablesestellen u. dgl.) zur Herstellerfirma gegeben werden.

Stationsbarometer werden bei der Höhenmessung an einem in der Mitte des Meßgebietes liegenden Ort als Standbarometer zur Erfassung der durch die meteorologischen Verhältnisse bedingten Änderungen des Luftdrucks eingesetzt. Dazu eignen sich am besten die Gefäßbarometer. Die in 22.2 genannten Typen von Fortin und Fueß können auf ± 0,1 Torr abgelesen werden.

Reisebarometer sind besonders gegen das Eindringen von Luft und das Auslaufen von Hg gesichert. Sie werden indessen kaum noch benutzt, weil für Messungen im Gelände die Federbarometer [24] vorzuziehen sind.

Vor dem Gebrauch eines Hg-Barometers prüfe man, ob in dem zugeschmolzenen Ast der Raum über dem Hg luftleer ist. Dazu wird das Instrument vorsichtig so weit geneigt, bis die Hg-Säule an der oberen Abschlußwandung anschlägt. Entsteht dabei ein scharfer heller Ton, so ist keine Luft im Rohr. Hört man einen dumpfen Ton, so ist Luft eingedrungen, die vor Gebrauch entfernt werden muß. Bei der Messung muß die Hg-Säule vertikal gestellt werden; vielfach ist dazu an den Barometern eine einfache Lotvorrichtung angebracht.

23 Die Verbesserung der Rohablesungen am Hg-Barometer

23.1 Die Temperaturverbesserung. Sowohl das Hg wie der Maßstab sind temperaturabhängig. Man reduziert die Rohablesungen daher auf $t = 0°$ C. Ist B die Ablesung am Barometer, B_0 die auf $t = 0°$ reduzierte Ablesung, q der Ausdehnungskoeffizient des Hg und m der des Maßstabes, so ist bei Vernachlässigung von Gliedern höherer Ordnung

$$B = B_0 (1 - q\,t + m\,t)$$

und genau genug

$$B_0 - B = v(t) = -B\,(q - m)\,t\,. \tag{1}$$

Hierin ist $q = 0{,}000\,182$ und, wenn der Maßstab aus Messing ist, so ist $m = 0{,}000\,019$, also $q - m = 0{,}000\,163 = 1 : 6140$. Damit läßt (1) sich umschreiben in

$$v(t) = -\frac{B}{614} \cdot \frac{t}{10}\,. \tag{2}$$

23.2 Die Kapillardepression. Infolge von Adhäsionswirkungen wird der Quecksilberspiegel in engen Röhren etwas gedrückt; ferner nimmt seine Oberfläche die Form einer flachen Kuppe (Meniskus) mit der Randsenkung k an. Der Betrag $v\,(k)$, um den der Kuppenscheitel zu tief steht, heißt die Kapillardepression. Sie ist abhängig von der Kuppenhöhe k und dem Rohrdurchmesser d und läßt sich, da sie bei Rohren von über 20 mm ϕ nicht mehr auftritt, durch Vergleich mit einem Hg-Barometer von 20 mm ϕ empirisch bestimmen und vertafeln (Bild 22). Zur Ermittlung von $v(k)$ bestimmt man die Kuppenhöhe am Maßstab und geht mit der Kuppenhöhe und dem Rohrdurchmesser in das Diagramm ein.

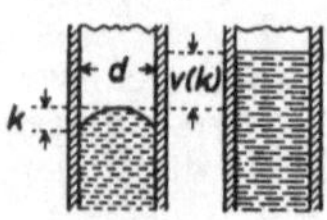

Bild 21.

23.3 Die Schwerereduktion. Das Gewicht eines Körpers ist das Produkt aus seiner Masse m und der Schwerebeschleunigung g. Der Wert von g aber ist abhängig von der geographischen Breite φ und der Meereshöhe H. Man reduziert die Beobachtungen daher mit Hilfe der Formel

$$g = g_0^{45}\left(1 - \beta \cos 2\varphi - \frac{2H}{r}\right), \tag{3}$$

in der β ein von der Schwerkraft abhängiger Koeffizient ist, auf den Meeresspiegel in 45° Breite. Ausgehend von der Gleichgewichtsbedingung

$$B\,g = B_0^{45}\,g_0^{45}$$

ist
$$B_0^{45} = B\left(1 - \beta \cos 2\varphi - \frac{2H}{r}\right), \tag{4}$$

$$B_0^{45} - B = -B \cdot \beta \cdot \cos 2\varphi - \frac{2HB}{r} = v(\varphi) + v(H) \tag{5}$$

oder
$$v(\varphi) = -0{,}00264 \cos 2\varphi \cdot B\,, \tag{6}$$

$$v(H) = -0{,}000\,0003\,H \cdot B\,. \tag{7}$$

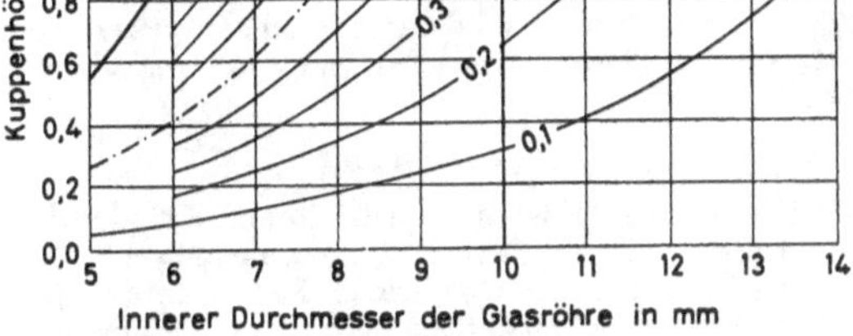

Bild 22. Ermittlung der Kapillardepression.

23.4 D i e S t a n d v e r b e s s e r u n g. Vergleicht man die mit $v(t)$ und $v(k)$ verbesserte Ablesung an einem Gebrauchsbarometer mit einem am gleichen Ort befindlichen Normalbarometer, so zeigt sich ein konstanter Unterschied, nämlich die

Standverbesserung des Gebrauchsbarometers. Man bestimmt sie, indem man aus Vergleichungen bei möglichst verschiedenen Barometerständen einen Mittelwert bildet.

Bezeichnet man die Rohablesung am Hg-Barometer vorübergehend mit Q, so erhält man den auf $t = 0°$, $\varphi = 45°$ und Meereshöhe bezogenen Barometerstand aus

$$B_0 = Q + v(t) + v(k) + v(\varphi) + v(H) + v\,(\text{Stand})\,. \qquad (8)$$

Zahlenbeispiel: An einem Gefäßbarometer mit einem Rohrdurchmesser von 10 mm und einem Messingmaßstab erhielt man als Rohablesung am Kuppenscheitel 710,0 Torr. Man maß ferner $t = +14{,}1°$ C und $k = 1{,}3$ mm. Die geographische Breite des Beobachtungsortes war $\varphi = 48°\ 40'$ und seine NN-Höhe $H = 660$ m. Die Standverbesserung war zu $-0{,}20$ Torr ermittelt. Damit ergab sich

$$v(t) = -(710:614)\cdot 1{,}41 = -1{,}61 \text{ Torr}\,,$$

$$v(k) \text{ (aus Bild 22)} = +0{,}38 \text{ Torr}\,,$$

$$v(\varphi) = -0{,}00264\cdot\cos 97°\,20'\cdot 710 = +0{,}24 \text{ Torr}\,,$$

$$v(H) = -0{,}000\,0003\cdot 660\cdot 710 = -0{,}14 \text{ Torr}\,,$$

$$B_0 = 710{,}0-1{,}61+0{,}38+0{,}24-0{,}14-0{,}20 = 708{,}7 \text{ Torr}.$$

24 Die Federbarometer

Die Federbarometer werden im Gegensatz zu den Hg- bzw. Flüssigkeitsbarometern als Trockenbarometer (Aneroide) bezeichnet. Wegen dieser Eigenschaft sind sie besonders für die Feldarbeiten geeignet.

24.1 Barometer mit Vidiedose.

24.11 *Die Vidiedose* ist eine nach ihrem Erfinder benannte luftleere Kapsel, die als Deckel eine dünne gewellte Membran besitzt. Diese wird durch eine starke Feder, deren Spannkraft etwa dem Luftdruck entspricht, vor dem Zusammendrücken bewahrt. Innerhalb des Meßbereichs hebt und senkt die Membran sich proportional den Änderungen des Luftdrucks um etwa 0,01 mm je 1 Torr. Da man den Luftdruck auf mindestens 0,1 Torr gebraucht, müssen also die Bewegungen auf mindestens 0,001 mm genau gemessen werden. Um diesen Betrag an einer Skala ablesen zu können, wird er entweder mechanisch oder optisch vergrößert oder mikrometrisch gemessen, oder es findet eine Kombination dieser Möglichkeiten statt.

24.12 *Das Barometer von Naudet* überträgt die Bewegungen der Membran mit Hilfe der Hebelverbindung *B C D E F* und des Gliederkettchens *G* auf den Zeiger *Z*, der sich über der Skala *S* bewegt. Die Teilungseinheit ist 1 Torr, geschätzt wird auf 0,1 Torr. Im Gehäuse ist ein Innenthermometer angebracht, damit die durch die Metallteile des Barometers verursachten Temperatureinflüsse eliminiert werden können [25.2]. Bei den sogenannten *Kompensationsbarometern* wird zur Minderung der Temperaturempfindlichkeit im Innern der Dose ein Luftrest (50 bis 100 Torr) belassen, oder es wird der mit der Spannfeder auf- und niedergehende Hebelarm aus zwei verschiedenen Metallen so zusammengesetzt, daß der Hebelarm sich bei steigender Temperatur in einer dem Luftdruck entgegenwirkenden Richtung krümmt.

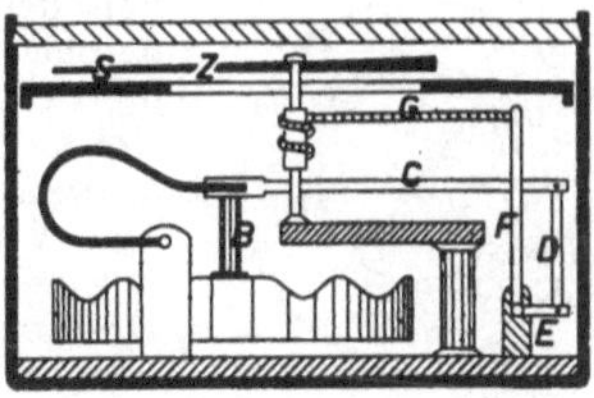

Bild 23. Naudetbarometer.

24.13 *Das Barometer von Paulin*, eine schwedische Konstruktion, hat ebenfalls eine rein mechanische Übertragungseinrichtung. Auf- und Abbewegungen der Membran setzen einen Hebel *a* in Bewegung, der durch eine Blattfeder und eine Spiralfeder b_1 gehalten wird. Die linearen Bewegungen des Hebels werden durch ein Torsionsgelenk mit Federbändern in Drehbewegungen umgewandelt. Diese werden aber nicht direkt an einer Skala abgelesen, sondern es wird durch Drehen an einer Schraubentrommel auf eine am Hebel *a* angreifende zweite Spiralfeder b_2 so lange eingewirkt, bis die durch einen Index markierte Normalspannung wiederhergestellt ist (Nullanzeige). Die Bewegungen der Meßschraube können an einem Zifferblatt, das in 0,2 Torr ein-

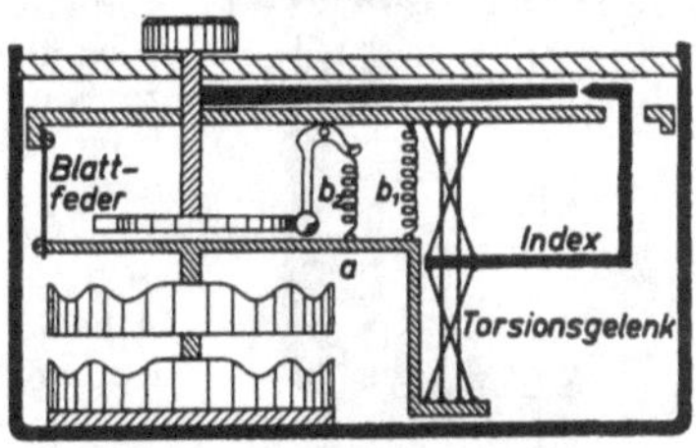

Bild 24. Paulinbarometer.

geteilt ist, auf 0,02 Torr geschätzt werden. Die Firma liefert auch Zifferblätter, die Meter hergeben.

Das Paulin-Barometer ist überaus neigungsempfindlich; bei feinen Messungen lege man es daher auf ein Stativ und horizontiere es mit einer Dosenlibelle.

24.14 *Vidiebarometer mit mikrometrischer oder optischer Anzeigevorrichtung* werden in zahlreichen Formen hergestellt. Bei dem heute nicht mehr gebauten Barometer von Goldschmidt wurden die Bewegungen der Membran durch einen Hebel vergrößert und mikrometrisch gemessen; bei dem ebenfalls veralteten Typ von Reitz-Deutschbein wurden sie in einem Mikroskop abgelesen. Das für Druckmessungen in Bergwerken bestimmte Barolux der Firma Fueß überträgt die Bewegungen der Membran auf einen Spiegel, der eine Einfadenlampe auf einer Skala abbildet. Dieses auch für selbsttätige Registrierungen geeignete Prinzip dürfte noch entwicklungsfähig sein.

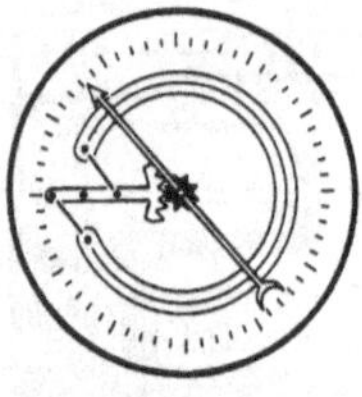

Bild 25. Bourdonfeder.

24.2 Barometer mit Röhrenfeder. Wird ein luftleeres federndes Rohr von elliptischem Querschnitt, das ringförmig gebogen ist (Bourdonfeder), wachsendem Luftdruck ausgesetzt, so werden die beiden Enden, da die Außenseite des Ringes wegen ihrer größeren Oberfläche stärker belastet wird als die innere, sich aufeinander zu bewegen. Diese Bewegung überträgt sich auf einen Zeiger und kann dann als Druckänderung an einer Skala abgelesen werden (Bild 25).

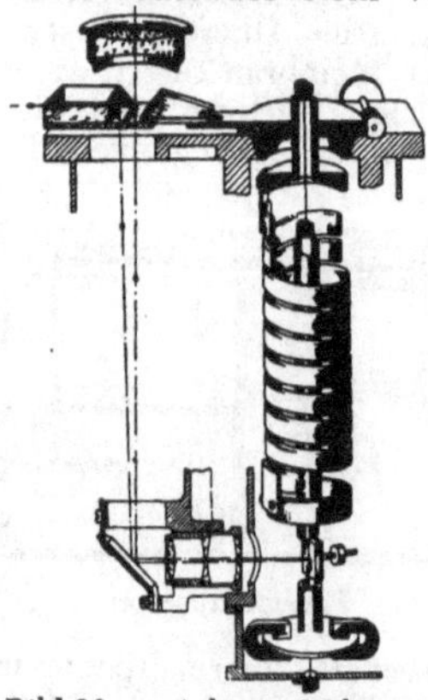

Bild 26. Askania-Mikrobarometer.

Das *Mikrobarometer der Firma Askania* besitzt eine Röhrenfeder aus Kupfer-Beryllium von 0,1 mm Wandstärke, welche, um einen möglichst großen Ausschlag zu erzeugen, 9 wendelförmig übereinanderliegende Windungen hat. Das freie Ende trägt einen Spiegel mit 4 Indexstrichen, die über ein Autokollimationssystem an einer festen Skala abgelesen werden können. Dadurch, daß die Feder gegen das Gehäuse verdreht werden kann, hat man 15 Meßbereiche je 40 Torr, also einen Gesamtumfang von 600 Torr. Die Skaleneinheit ist 0,1 Torr, so daß 0,01 Torr geschätzt werden können. Bei einem Gewicht von nur 3 kg ist das Mikrobarometer auch für den Feldgebrauch gut geeignet. Vgl. 25.3, 28.4 und 29.

24.3 Barometer mit Gasfeder. Als elastische Gegenkraft gegen den Luftdruck kann auch ein unter bekannter Spannung stehendes Gas benutzt werden. Eine Gasfeder kennt weder Reibungsverluste noch elastische Nachwirkungen. Eine Temperaturänderung von nur 0,0037° C bewirkt jedoch eine Druckänderung von 0,01 Torr, so daß das Gas in der Kammer auf etwa 0,001° C konstant gehalten werden muß. Ein solches Gerät ist in den USA von Strichling, Broding und Wilhelm gebaut worden. Darin ist die Außenluft mit der Gaskammer durch eine Kapillare verbunden, in deren Mitte ein Öltropfen sich bei steigendem Außendruck auf die Kammer zu, bei abnehmendem von ihr fort bewegt. Als Meßgenauigkeit wird ± 0,03 Torr angegeben.

25 Die Verbesserung der Rohablesungen an den Federbarometern

25.1 Die Reduktionsformel. An den Rohablesungen müssen die Temperaturverbesserung $v(t)$, die Teilungsverbesserung v (T) und die Standverbesserung angebracht werden. v (t) kann, da nur ein verhältnismäßig enger Bereich in Betracht gezogen wird, als linear angesehen werden, so daß lediglich der Temperaturkoeffizient a bestimmt zu werden braucht. Auch $v(T)$ berücksichtigt man durch einen linearen Koeffizienten b, der angibt, ob die Teilung zu eng oder zu weit ist. Die Standverbesserung oder der Nullpunktfehler c, den man für den Skalenstrich 760 zu ermitteln pflegt, ist eine Konstante. Also ist der auf $t = 0°$ reduzierte Barometerstand, wenn F die Rohablesung am Federbarometer ist,

$$B_0 = F + a\,t + b\,(760 - F) + \mathrm{c}\,. \tag{1}$$

Zur Bestimmung von a, b und c vergleicht man die Rohablesung F mit den auf $t = 0°$ bezogenen Ablesungen B_0 an einem geprüften Hg-Barometer, und zwar bei verschiedenen

Luftdrücken und bei verschiedenen Temperaturen. Zweckmäßig bestimmt man zuerst a allein und dann b und c gemeinsam.

25.2 Der Temperaturkoeffizient. Man setzt das Federbarometer und ein geprüftes Hg-Barometer bei gleichbleibender Meereshöhe entweder in einer Klimakammer sehr unterschiedlichen Temperaturen aus oder beobachtet die Geräte während der kalten Jahreszeit zunächst im Freien und dann in einem langsam wärmer werdenden Zimmer. Die Hg-Ablesungen reduziert man auf $t = 0°$, berechnet die Differenzen $(Q_0 - F)$, trägt in einem rechtwinkligen Koordinatensystem die Innentemperatur t als Abszissen, die $(Q_0 - F)$ als Ordinaten auf und zeichnet eine ausgleichende Gerade. Dann ist der Temperaturkoeffizient a gleich dem Steigungsmaß der Geraden. Bei einem guten Federbarometer soll $a < 0{,}15$ sein.

Zahlenbeispiel: Temperaturkoeffizient eines einfachen Federbarometers.

Q_0	F	$Q_0 - F$	t
Torr	Torr	Torr	°C
750,5	752,8	— 2,3	— 2,7
751,3	753,6	— 2,3	+ 0,3
750,1	752,8	— 2,7	+ 17,1
750,8	753,7	— 2,9	+ 20,0

Man entnimmt dem Diagramm bei $t = 0°$ und $t = 20°$ die Ordinaten — 2,30 und — 2,28. Also ist $a = (-2{,}84 + 2{,}32) : 20 = -0{,}026$.

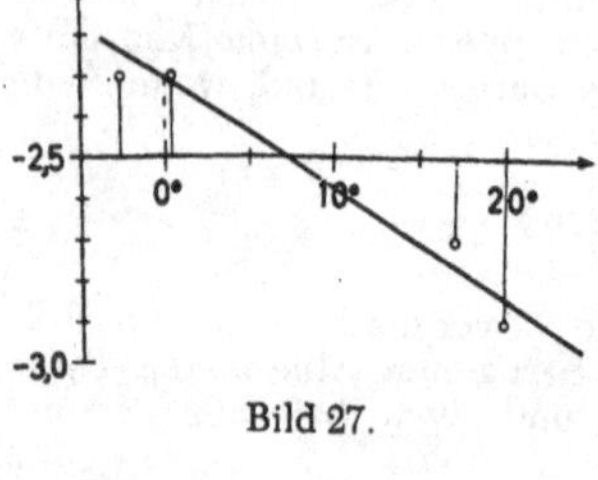

Bild 27.

25.3 Teilungskoeffizient und Standverbesserung findet man, indem man bei möglichst unterschiedlichen Luftdrücken die auf 0° C reduzierten Ablesungen F_0 am Federbarometer mit den ebenfalls auf 0° umgerechneten Ablesungen Q_0 am Hg-Barometer vergleicht. Die verschiedenen Luftdrücke erhält man entweder durch

Beobachtungen über einen langen Zeitabschnitt oder auf einer Bergwanderung oder in einer sehr weich arbeitenden Druckkammer (Barometerprüfgerät). Zur Auswertung trägt man die $(760 - F_0)$ als Abszissen und die $(B_0 - F_0)$ als Ordinaten auf und zieht eine ausgleichende Gerade.

Zahlenbeispiel: Beobachtet wurden die in 25.2 benutzten Instrumente in einem Barometerprüfgerät.

B_0	F	t	$F_0 = F + a\,t$	$B_0 - F_0$	$760 - F_0$
Torr	Torr	°C	Torr	Torr	Torr
746,3	751,2	21,1	750,7	— 4,4	— 9,3
739,9	744,6	21,1	744,1	— 4,2	— 15,9
731,3	736,0	21,1	735,5	— 4,2	— 24,5
726,6	731,0	21,1	730,5	— 3,9	— 29,5
712,3	716,5	21,1	716,0	— 3,7	— 44,0

Dem Diagramm entnimmt man als Steigungsmaß der Geraden und damit als Teilungskoeffizienten $b = (-4{,}55 + 3{,}55) : 50 = -0{,}020$. Die Standverbesserung, d. h. die Korrektion für den Barometerstand 760 ist $c = -4{,}55$ Torr.

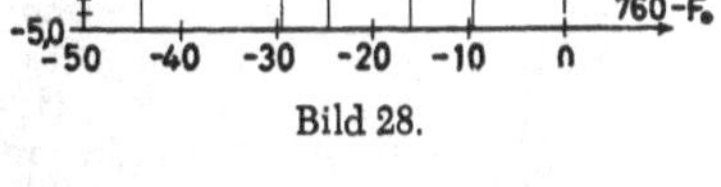

Bild 28.

Mithin gewinnt man mit dem untersuchten Federbarometer den auf 0° reduzierten Luftdruck B_0 in Torr aus der Gleichung

$$B_0 = F - 0{,}026\,t - 0{,}020\,(760 - F_t) - 4{,}55\,,$$

wobei $F_t = F - 0{,}026\,t$ ist. Diese Gleichung gilt für Temperaturen von 0° bis 20° und für Luftdrücke von 700 bis 760 Torr.

Für das Askania-Mikrobarometer [24.2] gibt die Herstellerfirma die Gleichung

$$B_0 = p_i + A\,C + a\,(T - 293)\,.$$

Darin ist p_i der absolute Druck für den Meßbereich i, A die Ablesung an der Skala, C der Skalenwert für 20° C, a der Temperaturkoeffizient und T die Temperatur in °Kelvin $= t°\,C + 273$. p_i, C und a werden für jeden Meßbereich durch Eichung bestimmt.

25.4 Elastische Nachwirkungen. Die Verformung eines von einer elastischen Feder gehaltenen Meßorgans dürfte im Idealfall nur von der Belastung abhängen. Tatsächlich sind aber insbesondere bei den Vidiebarometern elastische und bleibende Nachwirkungen zu beobachten, die bei Änderung der Belastung als Nachdehnung und Nachkrümmung in Erscheinung treten (Hysterese). Bei Röhrenfedern, die aus einem homogenen Metallstück gefertigt werden, sind die Nachwirkungen nur geringfügig. Alle Federn zeigen Alterungserscheinungen, die erst nach längerem Gebrauch abklingen. Die einmal bestimmten Konstanten a, b und c gelten daher nur für beschränkte Zeit und müssen in der Regel alljährlich neu bestimmt werden.

26 Das Siedebarometer oder Hypsometer

Der Luftdruck kann auch aus der Siedetemperatur des Wassers abgeleitet werden. Da aber eine Siededifferenz von 0,1° C bereits einem Druckunterschied von 2,7 Torr entspricht, muß man, um den Barometerstand auf 0,3 Torr zu erhalten, die Siedetemperatur auf 0,01° C bestimmen. Dazu bedarf es eines Präzisionsthermometers mit einer besonderen feinen Kapillare aus Borosilikatglas, in der der Hg-Faden nicht klebt. Die Skalen werden in 0,1° C oder 2 Torr unterteilt. Den Nullpunkt und die Teilungseinheit bestimmt man durch Vergleich mit einem Hg-Barometer. Weitere Korrekturen sind nicht erforderlich.

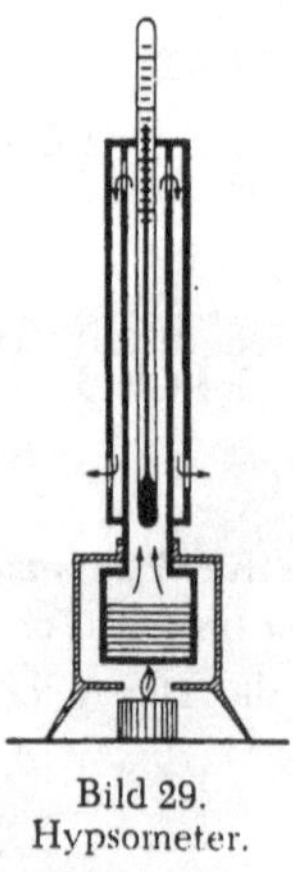

Bild 29. Hypsometer.

Bild 29 zeigt den Aufbau des Hypsometers. Das Thermometer darf nicht vom Wasser, sondern nur von heißem Dampf umspült werden; es soll nicht mehr als 0,5 cm aus dem Dampfmantel herausragen. Die Flamme soll, um eine Überhitzung des Dampfes zu vermeiden, nicht zu groß sein. Ist das Thermometer zur Ruhe gekommen, so wartet man einige Minuten und macht dann mit einer Lupe 5—10 Ablesungen, die man mittelt. Nach jedem Siedevorgang ist das Thermometer, um die Kapillare von etwa überdestilliertem Hg zu reinigen, kräftig hin- und herzuschwenken. Die Hypsometer haben sich als sehr beständig erwiesen, so daß sie besonders von Forschungsreisenden gerne benutzt werden.

27 Berechnung barometrischer Höhenunterschiede

27.1 Die vollständige Barometerformel von W. Jordan. In einem senkrecht zur Meeresoberfläche gedachten Luftzylinder vom Querschnitt 1 sei der Luftdruck in der Höhe H gleich p und in der Höhe $H + \mathrm{d}H$ gleich $p - \mathrm{d}p$. Dann besteht für das differentielle Stück der Luftsäule, da sein Gewicht gleich der Masse mal der Schwerebeschleunigung g und die Masse gleich der Dichte ϱ mal dem Volumen ist, die Gleichgewichtsbedingung

$$\mathrm{d}p = -\varrho g \,\mathrm{d}H . \tag{1}$$

Nach den Gesetzen von Boyle und Gay-Lussac besteht, wenn ϱ_0 und p_0 die Dichte und der Druck eines Gases in einem bei 0° C angenommenen Anfangszustand, ϱ und p die entsprechenden Werte in dem unter t^0 bestehenden Endzustand sind und α den Ausdehnungskoeffizienten der Luft bedeutet, die Beziehung

$$\frac{\varrho}{\varrho_0} = \frac{p}{p_0} \cdot \frac{1}{1 + \alpha t} . \tag{2}$$

Setzt man das in (1) ein und ordnet neu, so wird

$$\frac{\mathrm{d}p}{p} = -\frac{\varrho_0}{p_0} \cdot \frac{g}{1 + \alpha t} \mathrm{d}H ,$$

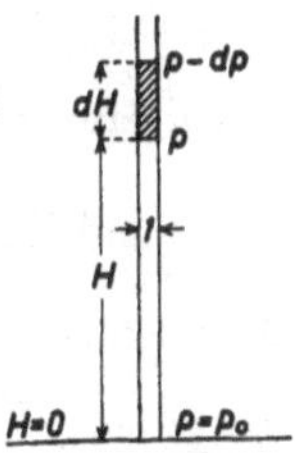

Bild 30.

und man findet durch beiderseitige Integration, wenn g und t einstweilen als Konstante betrachtet werden,

$$\ln p = -\frac{\varrho_0}{p_0} \cdot \frac{g}{1 + \alpha t} H + C , \tag{3}$$

wobei C eine Integrationskonstante ist. Um sie zu eliminieren, messe man den Druck mit einem Barometer auf zwei Stationen, nämlich

auf einer unteren Station mit $H = H_1$ zu $p = B_1$
und einer oberen Station mit $H = H_2$ zu $p = B_2$

und bilde die Differenz untere minus obere Station:

$$\ln B_1 - \ln B_2 = \frac{\varrho_0}{p_0} \cdot \frac{g}{1 + \alpha t} (H_2 - H_1),$$

woraus wegen $\ln B_1 - \ln B_2 = \text{Mod} \lg B_1/B_2$ folgt

$$H_2 - H_1 = h = \frac{p_0}{\text{Mod}\, \varrho_0} \cdot \frac{1 + \alpha t}{g} \lg \frac{B_1}{B_2}. \tag{4}$$

Das ist die Grundgleichung der barometrischen Höhenmessung. Da hierin B_1 und B_2 als Quotient auftreten, ist es gleichgültig, in welcher Maßeinheit sie ausgedrückt werden.

Bislang ist nicht berücksichtigt, daß t und g veränderlich sind und die Dichte durch den Wasserdampf- und Kohlensäuregehalt der Luft beeinflußt wird. Dazu setzt man

$$t = 1/2\,(t_1 + t_2)\,; \quad H = 1/2\,(H_1 + H_2),$$

$$\frac{1}{g} = \frac{1}{g_0^{45}} (1 + \beta \cos 2\varphi)\left(1 + \frac{2H}{r}\right),$$

$$p_0 = g_0^{45}\, 0{,}760 \cdot 13{,}5951 \qquad (13{,}5951 = \text{Dichte von } H_g)$$

und ersetzt $\frac{1}{\varrho_0}$ durch $\frac{1}{\varrho_0}\left(1 + 0{,}377\,\frac{e}{p}\right)\frac{1}{1{,}0002}$, wobei

$$\frac{e}{p} = \frac{\text{Dunstdruck des Wassergehalts der Luft}}{\text{Mittlerer Luftdruck}} \text{ ist.}$$

Dann lautet Jordans vollständige Barometerformel

$$h = 18\,400 \lg \frac{B_1}{B_2} (1 + \alpha t)\left(1 + 0{,}377\,\frac{e}{p}\right)(1 + \beta \cos 2\varphi)\left(1 + \frac{2H}{r}\right)$$

$$\text{mit } \alpha = 0{,}0037; \quad \beta = 0{,}00264; \quad r = 6\,370\,000 \text{ m}. \tag{5}$$

27.2 Jordans Formeln und Tafeln für Mitteleuropa. Der Dunstdruck hat in Mitteleuropa den Durchschnittswert 7—8 Torr. Da p im Mittel rd. 750 Torr beträgt, darf man genau genug $e/p = 1/100$ setzen. Benutzt man in (5) ferner die Mittelwerte $\varphi = 50°$ und $H = 500$ m, so erhält man für den mitteleuropäischen Raum die Formel

$$h = 18464\,(1 + 0{,}0037\,t)\,(\lg B_1 - \lg B_2)\,. \tag{6}$$

Eine hiernach berechnete Tafel müßte als Eingänge B_1, B_2 und t haben. Da das nicht möglich ist, benutzt man folgende Wege:

27.21 *Tafel der fingierten Meereshöhen.* Man bezieht die Höhe H_i jeder einzelnen Station auf den dem mittleren Niveau der europäischen Meere entsprechenden Druck von 762 Torr. Für die damit definierte fingierte Meereshöhe (H_i) gilt nach (6)

$$(H_i) = 18464\,(1 + 0{,}0037\,t)\,(\lg 762 - \lg B_i)\,. \tag{7}$$

Diese Gleichung hat W. Jordan für Luftdrücke von 630 bis 775 Torr und Temperaturen von 0 bis 35° C vertafelt. Man entnimmt daraus (H_1) und (H_2) und erhält h aus

$$h = (H_2) - (H_1)\,. \tag{8}$$

Zahlenbeispiel:

	Messung			Rechnung
	t	B	t_m	(aus Tafel)
Obere Station	$t_2 = 9°$	$B_2 = 679{,}4$ Torr	11°	$(H_2) = 957{,}1$ m
Untere Station	$t_1 = 13°$	$B_1 = 714{,}6$ „		$(H_1) = 535{,}8$ m
				$h = 421{,}3$ m

27.22 *Barometrische Höhenstufen.* Zwischen den Höhenunterschieden und den Druckdifferenzen besteht nach (7) im Differentiellen die Beziehung

$$\mathrm{d}H = -18464\,(1 + \alpha\,t)\,\frac{\mathrm{Mod}}{B}\,\mathrm{d}B\,.$$

Ersetzt man die Differentiale durch kleine endliche Größen, so erhält man

$$\Delta H = h = -\frac{8019}{B}\,(1 + 0{,}0037\,t)\,\Delta B\,. \tag{9}$$

Der Koeffizient von ΔB, der nichts anderes ist als die in Jordans Tafel gegebene „Differenz 1 mm", ist die für den (mittleren) Barometerstand B geltende *barometrische Höhenstufe*. Einige Hauptwerte sind:

t \ B	760	740	720	700	680	660	640	620 Torr
−10°	10,16	10,43	10,72	11,04	11,37	11,71	12,07	12,47
0	10,55	10,84	11,14	11,46	11,79	12,15	12,53	12,93
+10	10,94	11,23	11,55	11,88	12,23	12,60	12,99	13,41
+20	11,32	11,63	11,95	12,30	12,66	13,04	13,45	13,88
+30	11,71	12,03	12,36	12,72	13,09	13,49	13,91	14,36

Zahlenbeispiel: Mit den Daten aus 27.21 bilde man $B_m = 1/2\,(B_1 + B_2) = 697{,}0$ Torr und $t_m = 11{,}0°$ und findet in der Tafel die Höhenstufe 11,97. Mit $\Delta B = B_2 - B_1 = 35{,}2$ Torr wird dann $h = 11{,}97 \cdot 35{,}2 = 421{,}3$ m.

27.3 Der Übergang von Torr auf Millibar (mbar). Die 9. Generalkonferenz für Maß und Gewicht hat am 19. 10. 1948 als physikalische Normalatmosphäre den Druck festgelegt, den eine Quecksilbersäule von 76 cm Höhe bei einer Dichte des Hg von 13,5951 g/cm³ und dem Mittelwert 980,665 cm/s² der Fallbeschleunigung darstellt; ihr 760. Teil heißt ein Torr. Im CGS-System ist der Druck eine Kraft je Flächeneinheit, die in dyn/cm² (1 dyn = 1 cm g/s²) gemessen wird. Infolgedessen besteht die Gleichung

$$760 \text{ Torr} = 76 \cdot 13{,}5951 \cdot 980{,}665 = 1\,013\,250 \text{ dyn/m}^2.$$

Mit 10^6 dyn/cm² = 1 bar = 1000 mbar ist daher 1 Torr = 1,33322 mbar, 1 mbar = 0,75006 Torr und genähert 750 Torr $\approx$ 1000 mbar.*)

Im amtlichen Wetterdienst ist das Millibar bereits im Jahre 1939 eingeführt. Es bestehen keine prinzipiellen Bedenken dagegen, es auch bei der Höhenmessung zu benutzen. Nur sind die Teilungen der vorhandenen Instrumente und vor allem die Tafeln z. Z. noch überwiegend auf Torr abgestellt, so daß das Torr aus praktischen Gründen noch länger im Gebrauch bleiben wird.

*) Vgl. Kohlrausch, F., Praktische Physik I 30. Aufl. Ziff. 4.212.

28 Barometrische Meßverfahren

28.1 Allgemeines. Die barometrische Höhenformel gilt unter der Voraussetzung, daß der Luftdruck am oberen und unteren Ende der Luftsäule gleichzeitig gemessen wird und die Temperatur von unten nach oben gleichmäßig abnimmt. Keine dieser Voraussetzungen wird streng erfüllt. Man muß die Messung daher so anlegen, daß die meteorologischen Einflüsse entweder durch Anschluß an feste Punkte umgangen oder auf Grund von Beobachtungen an einem ortsfesten Standbarometer in Rechnung gestellt werden können.

Als Standbarometer dienen Hg-Gefäßbarometer oder sehr gute Federbarometer. Zur Einmessung der Geländepunkte werden vorwiegend Instrumente mit Vidiedose benutzt. Auf jedem Neupunkt verweile man einige Minuten, damit das Gerät den Luftdruck aufnehmen kann. Abgelesen werden der Luftdruck, die Innentemperatur des Barometers, die Temperatur der Luft und die Beobachtungszeit. Den Weg wählt man möglichst so, daß der Luftdruck gleichmäßig steigt oder fällt. Umkehrpunkte, d. h. Übergang vom Steigen zum Fallen und umgekehrt, vermeide man. Lassen sich Umkehrpunkte nicht umgehen, verweile man auf ihnen vor der Ablesung mindestens 15 Minuten.

28.2 Punkteinschaltung mit *einem* Barometer. Zur Bestimmung von Punkten, die ihrer Höhe nach zwischen zwei — höchstens eine Wegstunde voneinander entfernten — Festpunkten A und E liegen, geht man von A über die Neupunkte 1, 2, 3 ... nach E und liest an Fest- und Neupunkten den Barometerstand ab. Auf die Lufttemperatur kann, wenn nicht mit sprunghaften Temperaturänderungen zu rechnen ist, verzichtet werden.

Man berechnet die Höhen, indem man sie den Barometerablesungen entsprechend zwischen A und E interpoliert. Dazu bildet man die empirische Höhenstufe

$$\Delta H = \frac{H_E - H_A}{B_A - B_E} \tag{1}$$

und gewinnt die Höhenunterschiede $h_{i,k}$ aus

$$h_{i,k} = \Delta H \cdot \Delta B_{i,k} \,. \tag{2}$$

Wünscht man etwaige Temperatur- und Barometergänge auszuschalten, so bestimmt man jeden Höhenunterschied dreimal (Stepverfahren), indem man die Beobachtungen in der Reihenfolge $A — 1 — A — 1$, $1 — 2 — 1 — 2$ usw. anordnet.

Zahlenbeispiel: Messung mit einem Federbarometer.

Punkt	F	ΔF	$h = \Delta H \cdot \Delta F$	H
	Torr	Torr	m	m
A	719,5			548,3
		2,1	24,8	
1	717,4			573,1
		2,4	28,3	
2	715,0			601,4
		1,3	15,4	
3	713,7			616,8
		1,5	17,7	
E	712,2			634,5
		7,3	86,2	

$$\Delta H = \frac{634{,}5 - 548{,}3}{719{,}5 - 712{,}2} = \frac{86{,}2}{7{,}3} = 11{,}81\,.$$

28.3 Geländeaufnahme mit Feld- und Standbarometer. Zur Erfassung der Geländeformen eines Gebietes sei eine Anzahl von Punkten, deren Lage aus einem Grundrißplan zu entnehmen ist, ihrer Höhe nach zu bestimmen. Hierzu sind ein Standbarometer und ein Feldbarometer erforderlich. Das Standbarometer wird etwa in der Mitte des Gebietes an einem der Höhe nach festgelegten Ort aufgestellt, der weder Luftdruck- noch Temperaturanomalien aufweist. Alle 15 Minuten sind Uhrzeit, Luftdruck und Instrumententemperatur abzulesen. An den Beobachtungen braucht, da ja nur die Änderungen des Luftdrucks erfaßt werden sollen, lediglich die Temperaturverbesserung angebracht zu werden. Die Druckänderungen am Standbarometer trägt man zweckmäßig graphisch (Abszisse = Zeit, Ordinate = Druckänderung) so auf, daß sie sich für jeden beliebigen Zeitpunkt herausgreifen lassen.

Mit dem Feldbarometer geht der Beobachter von Geländepunkt zu Geländepunkt und beobachtet dort Barometerstand, Instrumenten- und Lufttemperatur. Zum mindesten am Anfang und am Ende der Messung, möglichst alle 2 Stunden, ist das Feldbarometer mit dem Standbarometer zu vergleichen, um zu prüfen, ob die Standverbesserung des Feldbarometers sich während der Messung geändert hat; siehe das Zahlenbeispiel auf S. 49.

Standbarometer			Feldbarometer						Höhenberechnung					
Zeit	Barom. Ablesg.	Druck-änderg.	Pkt.	Zeit	Barom. Ablesg.	Luft-temp.	Verb.	Red. Feld-bar.	$\frac{B_i+B_k}{2}$	t_m	Höhen-stufe	B_i-B_k	h	NN-Höhe
	St	Δ_{St}			F	t	$-\Delta_{St}$	B						
h m	Torr	Torr		h m	Torr	°C	Torr	Torr	Torr	°C	m	Torr	m	m
9 15	749,7	0,0	A	9 15	749,7	19,0	0,0	749,7						103,4
9 30	749,7	0,0												
									749	19,0	11,45	1,5	+17,2	
9 45	749,6	−0,1	1	9 41	748,1	19,0	+0,1	748,2						120,6
									747	18,9	11,48	2,5	+28,7	
10 00	749,5	−0,2	2	9 53	745,5	18,8	+0,2	745,7						149,3
									745	18,5	11,49	2,1	+24,1	
10 15	749,4	−0,3	3	10 09	743,3	18,2	+0,3	743,6						173,4
.	.	.	.	.	.									.
.	.	.	.	.	.									.
11 00	749,1	−0,6	A	11 03	749,0									

Die Ablesungen an Stand- und Feldbarometer sind bereits gemäß Ziffer 23 und 25 reduziert. Ferner ist die zu Anfang und am Ende der Beobachtungsreihe zwischen Stand- und Feldbarometer ermittelte Differenz von im Mittel − 1,6 Torr als konstante Reduktion an den Standbarometerangaben angebracht worden. Die Druckänderungen am Standbarometer werden unter Berücksichtigung der Zeit mit umgekehrten Vorzeichen den Feldbarometerablesungen hinzugefügt.

28.4 Staffelverfahren und Sprungverfahren. Es sei zwischen festen Punkten ein glatter Linienzug mit möglichst großer Genauigkeit einzuschalten, und es mögen dafür zwei Barometer gleicher Güte zur Verfügung stehen. Dann ermittelt man den Höhenunterschied zwischen zwei Nachbarpunkten in der Weise, daß man auf der unteren und auf der oberen Station gleichzeitig beobachtet. Der Ortswechsel kann auf verschiedenen Wegen vorgenommen werden:

a) Beim *Staffelverfahren* wird das II. Barometer immer auf den vorhergehenden Beobachtungspunkt nachgezogen und gleichzeitig mit dem I. Barometer abgelesen.

Man erhält dann folgende Anordnung:

Feldpunkte:	*A*	1	2	3	*E*
	I II				
	II	I			
		II	I		
			II	I	
				II	I
Zeit ↓					II I

b) *Beim Sprungverfahren* oder leap-frog (= Lauffrosch)-verfahren, das in den USA von den Bell Telefone Laboratories entwickelt ist, wird das II. Barometer nur auf jeden zweiten Geländepunkt aufgestellt und dort mit dem I. Barometer verglichen:

Feldpunkte:	*A*	1	2	3	*E*
	I II				
	II	I			
		I	II		
			I II		
			II	I	
				I	II
Zeit ↓					I II

Dieses Verfahren, bei dem man die Gangunregelmäßigkeiten gut eliminiert und auch die Lufttemperatur gut erfaßt, hat sich allen anderen Verfahren überlegen gezeigt.

Zahlenbeispiel: Beobachtet mit Askania-Mikrobarometern nach dem Verfahren Seite 50 unten.

Beobachtungen mit den Barometern I und II (Hinweg)					Berechnung der Höhenunterschiede			
Zeit	Pkte.	Barom. I	Barom. II	Lufttemp.	I — II II — I	ΔB	Höhenstufe	Δh
h m		Torr	Torr	°C	Torr	Torr	m	m
12 31	A	751,98	751,98	.	0,00	.	.	.
12 37	1—A	751,33	751,98	8,5	−0,65	−0,65	11,00	+ 7,2
12 43	1—2	751,28	750,46	8,0	−0,82	−0,80	11,00	+ 8,8
12 47	2	750,46	750,44	.	+0,02	.	.	.
12 52	3—2	749,37	750,42	8,0	−1,05	−1,07	11,00	+11,8
12 57	3—*E*	749,41	747,42	7,5	−1,99	−2,01	11,00	+22,1
13 02	*E*	747,43	747,45	.	−0,02	.	.	.

Die gleichen Punkte wurden ein zweites Mal auf dem Rückweg beobachtet. Der Beobachtungsunterschied betrug im Durchschnitt 0,2 m.

29 Genauigkeit der barometrischen Höhenmessung

Die in der barometrischen Höhenformel 27 (6)

$$h = K(1 + \alpha t)(\lg B_1 - \lg B_2)$$

auftretenden Größen B_1, B_2 und t sind mit Messungsfehlern behaftet. Um deren Einfluß auf den gesuchten Höhenunterschied h zu ermitteln, differentiiert man die obige Gleichung und erhält, wenn die Vorzeichen außer acht gelassen werden,

$$\mathrm{d}h = \frac{\partial h}{\partial B_1}\,\mathrm{d}B_1 + \frac{\partial h}{\partial B_2}\,\mathrm{d}B_2 + \frac{\partial h}{\partial t}\,\mathrm{d}t \quad \text{mit} \tag{1}$$

$$\frac{\partial h}{\partial B_1} = \frac{\mathrm{Mod}\,K}{B_1}(1 + \alpha t) = \frac{8019}{B_1}(1 + 0{,}0037\,t)\,, \tag{2}$$

$$\frac{\partial h}{\partial B_2} = \frac{\mathrm{Mod}\,K}{B_2}(1 + \alpha t) = \frac{8019}{B_2}(1 + 0{,}0037\,t)\,, \tag{3}$$

$$\frac{\partial h}{\partial t} = K(\lg B_1 - \lg B_2)\,\alpha = 0{,}0037\,h\,. \tag{4}$$

Der Übergang auf kleine endliche Größen gibt

$$\Delta h = \frac{\partial h}{\partial B_1} \Delta B_1 + \frac{\partial h}{\partial B_2} \cdot \Delta B_2 + \frac{\partial h}{\partial t} \Delta t = \Delta_b + \Delta_b + \Delta_t . \quad (5)$$

Nach 27.22 bewirkt ein um 0,1 Torr fehlerhafter Druck einen Höhenfehler Δ_b von rund 1,2 m. Die Lufttemperatur läßt sich im freien Felde auf höchstens $\pm 1°$ erfassen, so daß $\Delta_t = 0{,}0037\, h \approx 0{,}4\,\%$ von h ist. Im einzelnen ist

für $h =$	10	20	50	100	200	500	1000 m
$\Delta_t =$	0,04	0,07	0,18	0,37	0,74	1,85	3,7 m

Zum Abschätzen des Gesamtfehlers gibt das Fehlerfortpflanzungsgesetz [Band I 14.4]

$$m_h = \pm \sqrt{m_b^2 + m_b^2 + m_t^2} . \quad (6)$$

Setzt man $m_t = \pm 1°$ und wählt für m_b $\pm 0{,}1$, $\pm 0{,}05$ und $\pm 0{,}02$ Torr, so nimmt m_h folgende Werte an:

m_b \ h	10	20	50	100	200	500	1000 m
± 0,10 Torr	1,7	1,7	1,7	1,7	1,9	2,5	4,1 m
± 0,05 „	0,8	0,8	0,9	0,9	1,1	2,0	3,8 „
± 0,02 „	0,3	0,3	0,4	0,5	0,8	1,9	3,7 „

Bei Messungen mit einem einfachen Vidiebarometer (± 0,1 Torr) kann demnach bei Höhenunterschieden bis zu 200 m ein mittlerer Fehler von ± 1 bis 2 m erwartet werden. Dieser Wert steht mit dem Ergebnis zahlreicher praktischer Messungen in Einklang.

Für Messungen mit einem hochgezüchteten Vidiebarometer nach Art des Paulinbarometer (± 0,05 Torr) und mit einem Askania-Mikrobarometer (± 0,02 Torr) errechnen sich die in der 2. und 3. Zeile eingetragenen Werte.

Der Einsatz von Präzisionsbarometern ist also nur bei kleinen Höhenunterschieden sinnvoll.

Aber auch bei kleinen Höhenunterschieden können die von den Höhenänderungen herrührenden Änderungen des Luftdrucks durch lokale Luftdruckschwankungen, die durch Wärmeeinstrahlung, Bodenfeuchtigkeit, Stauwind usw. verursacht sind, weitgehend überlagert werden. Für Feinaufnahmen wähle man daher Aufnahmezeiten mit ruhiger Luft, ausgeglichenen meteorologischen Verhältnissen und bedecktem Himmel. Wenn man dann sein Feinbarometer auch vor kleinen Erschütterungen sorgfältig bewahrt, so darf man als mittleren Fehler einer Einzelhöhe ± 3 bis 4 dm erwarten*).

3 Tachymetrische Instrumente

31 Die Verfahren der optischen Distanzmessung

Unter einem Tachymeter versteht man ein Instrument, das es erlaubt, neben der Richtung und dem Höhenwinkel von einem zum anderen Punkt auch die Entfernung zwischen beiden mit optischen Mitteln zu messen. Die Grundlage der optischen Streckenmessung ist das bereits in Band II 22 eingehend diskutierte parallaktische Dreieck, in dem aus der kleinen Grundlinie b und dem parallaktischen Winkel γ die Höhe des Dreiecks abgeleitet wird. Damit nur ein Stück gemessen zu werden braucht, wird entweder die Grundlinie oder der parallaktische Winkel konstant gemacht. Dabei wird die Grundlinie je nach dem Zweck der Messung entweder an den Standpunkt des Instruments oder an das Ende der gesuchten Strecke verlegt. Man unterteilt die Distanzmesser weiter in einfache Tachymeter, die bei geneigter Sicht die schräge Entfernung geben, und in Reduktionstachymeter, die die auf den Horizont reduzierte Entfernung und den Höhenunterschied liefern. Wenn man dann noch die optischen Mittel betrachtet, mit denen der parallaktische Winkel erzeugt wird, wie feste und bewegliche Fäden, Anschläge, Kurven und Keile, so erhält man folgende Konstruktionsmöglichkeiten:

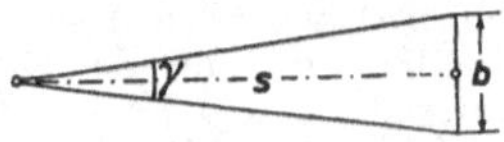

Bild 31.

a) Konstante Basis im Beobachterstand ohne besondere Zielmarkierung.

b) Veränderliche Basis im Beobachterstand mit Zielmarkierung durch einen senkrechten Stab.

*) Desmond O'Connor, The use of sensitive pressure devices in Surveying. Empire Survey Review 1957 S. 6, 50, 114, 160 und 1958 S. 194.

c) Konstante Basis im Ziel, d. h. am Ziel steht eine mit 2 Marken versehene Basislatte.

d) Veränderliche Basis im Ziel, d. h. am Ziel steht eine dezimal unterteilte Distanzlatte; als Beobachtungsinstrumente dienen:

α) Einfache Fadendistanzmesser,

β) Reduktionstachymeter mit Schiebevorrichtung, Tangentenskala oder Fadendiagramm,

γ) Präzisionsdistanzmesser mit einfachen Vorsatzkeilen,

δ) Keildistanzmesser mit Reduktionsvorrichtung.

Die Konstruktionen unter a) und b) eignen sich lediglich für Messungen mit mäßigen Genauigkeitsansprüchen; sie brauchen daher am Ende dieses Abschnittes nur kurz besprochen zu werden [37]. Der Fall c) sowie unter d) die Fälle γ) und δ), welche vor allem für die Polygonierung Bedeutung haben, sind bereits in Band II 22 eingehend beschrieben worden. Im Schwerpunkt der nachstehenden Darstellung stehen daher die vornehmlich für die Aufnahme der Geländeformen bestimmten Instrumente unter d) α) und β), bei denen mit Hilfe des Instruments eine am Ziel aufgestellte Distanzlatte abgelesen wird.

32 Der Reichenbachsche Fadendistanzmesser

Nach einem von dem Münchener Mechaniker von Reichenbach angegebenen Prinzip erhält man einen optischen Distanzmesser, wenn man das Fadenkreuz eines Meßfernrohrs mit zwei Distanzfäden ausstattet, die im Abstand $p/2$ parallel zum horizontalen Mittelfaden verlaufen. Okulare mit Distanzfäden werden sowohl in die einfachen älteren Fernrohre mit Okularauszug wie in die neueren Fernrohre mit Zwischenlinse eingebaut [Band I 52.3].

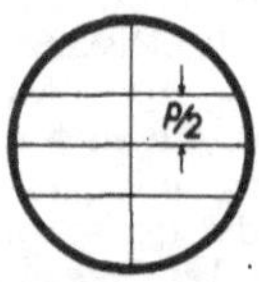

Bild 32. Distanzfäden.

32.1 Distanzfäden im Fernrohr mit Okularauszug. In diesem Falle sind die geometrisch optischen Verhältnisse besonders einfach. Es sei zum Messen einer horizontalen Strecke $AB = E$ in A ein Instrument mit Distanzfäden aufgestellt, und es werde in B eine in cm unterteilte Distanzlatte (Nivellierlatte) vertikal aufgehalten. Nachdem der Okularauszug so eingestellt ist, daß in der Fadenkreuzebene ein scharfes Bild der Latte erscheint, betrachte man im Bild 33 die von den Distanzfäden achsparallel auf die Objektivlinse fallenden Strahlen. Diese kreuzen einander im vorderen Brennpunkt des Objektivs unter dem Winkel γ, treffen auf die Latte und

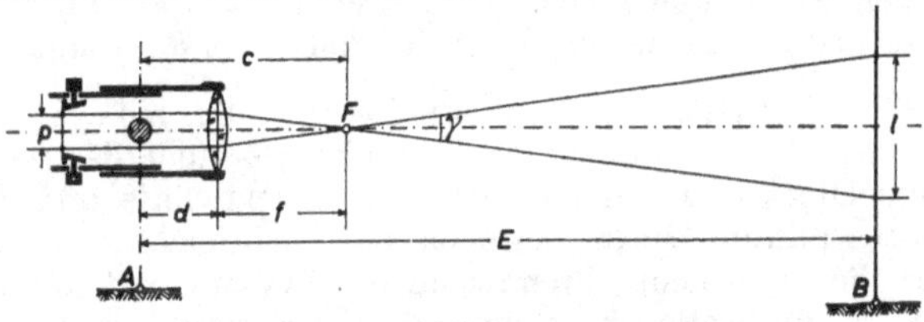

Bild 33. Reichenbachscher Distanzmesser.

schneiden aus ihr den Lattenabschnitt l heraus. Dann besteht, wenn unter d die horizontale Entfernung von der Vertikalachse des Instruments bis zur Objektivlinse und unter f die Objektivbrennweite verstanden wird, die Beziehung

$$E-(d+f)=\frac{f}{p}l\,,$$

$$\text{oder mit}\quad d+f=c \quad\text{und}\quad \frac{f}{p}=k \tag{1}$$

$$E=c+k\,l\,. \tag{2}$$

c heißt die kleine oder *Additionskonstante;* sie liegt zwischen 0 und 0,5 m. Die große oder *Multiplikationskonstante* k sucht der Mechaniker, indem er p zu $0{,}01\,f$ nimmt, gleich 100 zu machen. Da ihm dies meistens nicht ganz gelingt, benutzt man zur Berechnung von E zweckmäßig nicht die Gleichung (2), sondern bringt (2) auf die Form

$$E=c+(100+\mathrm{d}k)\,l=(c+\mathrm{d}k\,l)+100\,l \tag{3}$$

oder

$$E=\Delta E+100\,l\,. \tag{4}$$

Damit hat k den festen Wert 100, während ΔE ein von der Entfernung abhängiger Zuschlag ist, der für jedes

Instrument und jede Entfernung besonders bestimmt und tabuliert werden muß.

Für $k = 100$ errechnet der parallaktische Winkel γ sich aus $f : p/2 = 1/2 \cot \gamma/2$ zu $34' 23''$ oder $63{,}66^c$. Der Scheitelpunkt des parallaktischen Winkels, der bei einfachen Fernrohren im vorderen Brennpunkt der Objektivlinse liegt, heißt der *anallaktische Punkt* des Fernrohrs.

32.2 Distanzfäden im Fernrohr mit Zwischenlinse. Bei diesen Fernrohren besteht das wirksame Objektiv aus der eigentlichen Objektivlinse und der Zwischenlinse. Durch Bewegen der Zwischenlinse ändert sich die äquivalente Brennweite des Systems und mit ihr die Multiplikationskonstante k. Gleichzeitig wird der Brennpunkt des Systems und damit der anallaktische Punkt ein wenig verlegt, so daß c und k Funktionen der Entfernung sind. Die Entfernungsberechnung kann jedoch ebenfalls auf (4) gegründet werden; es ist lediglich zu beachten, daß auf der rechten Seite von $\Delta E = c + \mathrm{d}kl$ alle drei Stücke veränderlich sind. Durch die Wahl passender Krümmungshalbmesser lassen sich aber nicht nur die Änderungen in c und k klein halten, sondern es glückt auch, k sehr nahe gleich 100 und c fast zu Null zu machen, so daß ΔE bei gröberen Arbeiten vernachlässigt werden kann.

32.3 Das Bestimmen der horizontalen Entfernung. Die Entfernungsbestimmung nach Gl. (2) kommt nur für Instrumente mit Okularauszug in Frage, bei denen die Additionskonstante $c = d + f$ durch Messung am Instrument selbst gefunden werden kann. Nach Bild 33 mißt man dazu zunächst die Entfernung d am Instrument und bestimmt, nachdem man den Okularauszug auf ∞ eingestellt hat, die Entfernung f des Objektivs von seiner durch die Halteschrauben des Fadenkreuzes kenntlichen hinteren Brennebene. Im Anschluß daran kann dann k für sich allein durch Vergleichung optisch beobachteter und mit Latten gemessener Strecken ermittelt werden. Im Hinblick auf die beschränkte Bedeutung dieses Verfahrens wird nachstehend jedoch allein die Entfernungsbestimmung nach der Gleichung (4) auf einem einfacheren und einem genaueren Weg behandelt.

Erstes Verfahren: Man verpflocke eine horizontale Vergleichsstrecke beginnend in rd. 10 m Abstand vom Instrument alle 30 bis 50 m bis zu der Höchstgrenze, auf der das Instrument eingesetzt werden soll, und messe mit abgeglichenen Latten die genauen Entfernungen E_i der verpflockten Punkte von der Vertikalachse des Instruments. Dieselben Strecken beobachte man mit dem Meßfernrohr, indem man bei nahezu horizontaler Mittelsicht den Abstand l der Distanzfäden an der auf den Zielpunkten sorgfältig lotrecht zu haltenden Distanzlatte mehrere Male mit ein wenig veränderter Fernrohrneigung bestimmt und mittelt. Dann bildet man mit den gemittelten l_i für jede der gemessenen Entfernungen E_i die Werte $\Delta E_i = E_i - 100\, l_i$. Schließlich trägt man auf der horizontalen Achse eines rechtwinkligen Koordinatensystems die l_i und senkrecht darüber die ΔE_i auf und zieht nach Augenmaß eine ausgleichende Gerade (Bild 34). Von dieser Geraden können günstigste Werte der ΔE_i für jeden Lattenabschnitt abgegriffen werden.

Im Falle 32.1 können aus dem Kurvenbild auch c und $\mathrm{d}k$ entnommen werden; denn c ist der Abschnitt auf der ΔE-Achse und $\mathrm{d}k$ Steigungsmaß der Geraden, das gem. (3) zu 100 addiert k ergibt.

Zweites Verfahren: Um bei sehr guten Instrumenten noch schärfere Werte für die Lattenabschnitte zu erhalten, gehe man folgendermaßen vor: Die Punktmarken auf der Vergleichsstrecke werden genau in die Entfernungen 10 m, 20 m, 40 m, 60 m ... usw. vom Instrument gesetzt. Die Latte läßt man aber nicht auf diesen Marken, sondern auf 6 bis 10 Hilfspunkten aufhalten, die symmetrisch zu den abgesetzten Punktmarken nur wenige Dezimeter voneinander entfernt liegen. Man berechnet dann für jeden Lattenabschnitt die Differenz zwischen der mit Meßlatten festgelegten Entfernung und dem mit 100 multiplizierten Lattenabschnitt und erhält als Mittel aller Einzeldifferenzen das ΔE_i für die bestimmten Punktmarken. Dabei sollen die mittl. Fehler M_i der gemittelten ΔE_i $\pm$ 0,05 — 0,10 % von E_i nicht überschreiten.

Zahlenbeispiel: Zur Ermittlung der ΔE-Werte für den Tachymetertheodolit Fennel FTS Nr. 83 436 erhielt man in der Punktgruppe 20 m

E	19,53	19,68	19,80	20,20	20,32	20,47 m
l	0,194	0,196	0,197	0,201	0,202	0,204 m
ΔE	+0,13	+0,08	+0,10	+0,10	+0,12	+0,07 m

und als Mittel $\Delta E_{20} = 0{,}10$ m $\pm$ 1,2 cm. Entsprechend wurden die ΔE für die übrigen Punktmarken bestimmt. Man fand

l	0,10	0,20	0,40	0,60	0,80	1,00	1,20 m
ΔE	+0,06	+0,10	+0,16	+0,22	+0,30	+0,42	+0,53 m
$m_{\Delta E}$	±1,0	±1,2	±2,2	±3,1	±4,1	±4,9	±6,4 cm

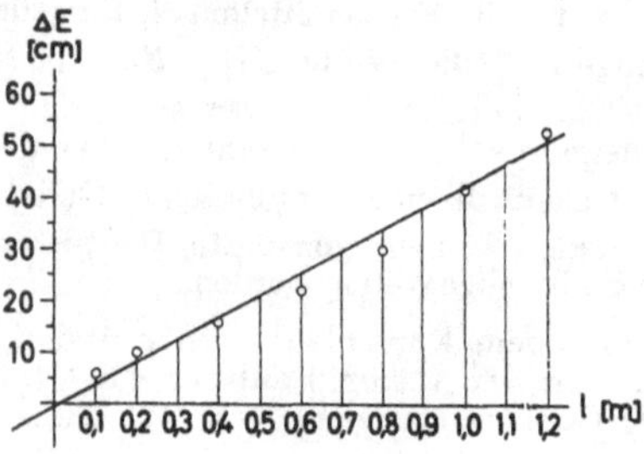

Bild 34.

Alsdann wurden die l_i und ΔE_i in das Bild 34 eingetragen, und es wurde nach Augenmaß eine ausgleichende Gerade gezogen. Von der Geraden wurden die nachstehenden endgültigen ΔE-Werte in cm abgegriffen:

l	0,2	0,3	0,4	0,5	0,6	0,7	0,8	0,9	1,0	1,2
ΔE	+0,08	+0,12	+0,16	+0,21	+0,25	+0,30	+0,34	+0,38	+0,42	+0,51

32.4 Reduktionsformeln für schräge Sichten. Wenn mit einem Fadendistanzmesser, dessen Zielachse mit der Horizontalen den Winkel α bildet, eine vertikalstehende Latte anvisiert wird, so steht der Lattenabschnitt l nicht senkrecht auf der Zielachse, sondern bildet mit ihr den Winkel $100^g + \alpha$ bzw. $100^g - \alpha$ (Bild 35).

Zur Ermittlung der schrägen Strecke E' braucht man den zwischen den Schenkeln des parallaktischen Winkels liegenden Abschnitt l' einer senkrecht zur Zielachse zu denkenden Latte. Mit einer Vernachlässigung, die bei $\alpha = 30^g$ und $l = 100$ cm weniger als $^1/_{100}$ mm ausmacht, ist

$$l' = l \cos \alpha \, , \tag{6}$$

und demnach ist gem. (2) die schräge Strecke $A'\,M$

$$E' = c + k\,l \cos \alpha \, . \tag{7}$$

Die Horizontalprojektion $A'\,B'$ dieser Strecke ist

$$E = c \cos \alpha + k\,l \cos^2 \alpha \tag{8}$$

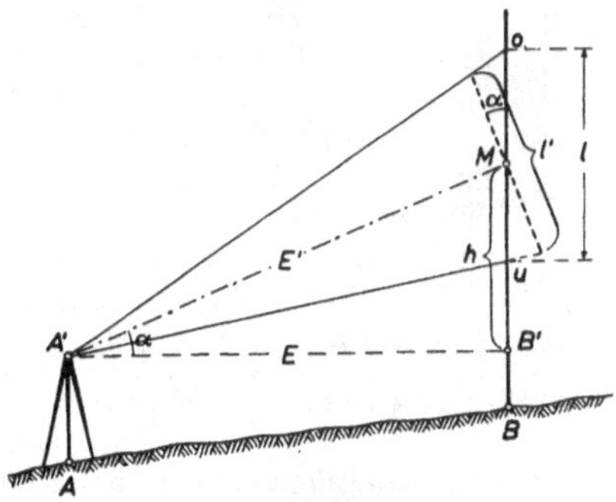

Bild 35.

und der Höhenunterschied $B'\,M$ zwischen der Horizontalen durch die Kippachse und dem Punkt M, in dem der Mittelfaden der Latte abgebildet wird,

$$h = E' \sin \alpha = c \sin \alpha + k\,l \sin \alpha \cos \alpha \, . \tag{9}$$

Um noch einfachere Rechenformeln zu gewinnen, setzt man in (8) $c \cos \alpha \approx c \cos^2 \alpha$ und in (9) $c \sin \alpha \approx c \sin \alpha \cos \alpha$; dann klammert man im Hinblick auf (4) in beiden Gleichungen

$$(c + k\,l) = (\Delta E + 100\,l) = S \tag{10}$$

aus und erhält die Gebrauchsformeln

$$\left.\begin{aligned} E &= S \cos^2 \alpha \, , \\ h &= S \sin \alpha \cos \alpha = 1/2\, S \sin 2\,\alpha \, . \end{aligned}\right\} \tag{11}$$

Die Näherungen für $c \cos \alpha$ und $c \sin \alpha$ verursachen bei $c = 0{,}30$ m und $\alpha = 30^g$ auf 100 m in E einen Fehler von 29 mm und in h von 15 mm, was bei der gewöhnlichen Tachymetrie vernachlässigt werden kann. Die Fehler entfallen ganz, wenn wie bei den meisten neueren Tachymetern die Additionskonstante nahezu Null ist.

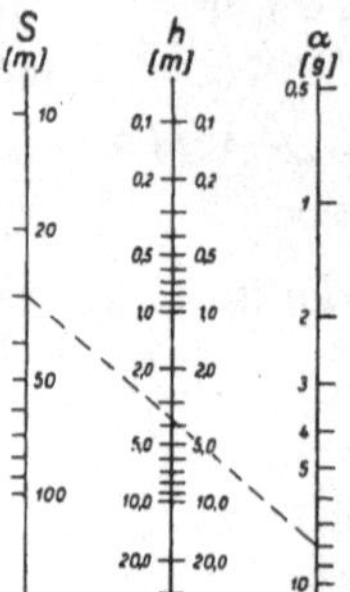

Bild 36.

Zur Berechnung von E und h nach (11) gibt es zahlreiche Hilfsmittel. Das einfachste Hilfsmittel sind Strahlendiagramme. Die Leiterskala Bild 36 ist nach einem Entwurf von P. Werkmeister gezeichnet. Sehr zweckmäßig sind tachymetrische Rechenschieber, z. B. der Tachymeterschieber von Nestler und der Aristo-Geodät von Dennert und Pape. Schließlich stehen zahlreiche Zahlentafeln zur Verfügung*).

32.5 Die Genauigkeit der Fadendistanzmessung

32.51 *Bei der Entfernungsbestimmung* mit einem Fadendistanzmesser sind die wichtigsten Fehlerquellen ungenaue Werte von c bzw. ΔE und k, ungenaue Ablesungen an der Latte und am Höhenkreis, Refraktionseinflüsse und Mängel beim Anhalten der Ziellatte.

Um die letztgenannten Mängel vorweg zu behandeln, wird angenommen, es sei die Latte gegen die Vertikale um den Winkel δ geneigt; dann müßte l nicht wie in (6) mit $\cos \alpha$, sondern mit $\cos(\alpha + \delta)$ reduziert werden. Es ist aber

$$l \cos(\alpha + \delta) = l(\cos \alpha \cos \delta - \sin \alpha \sin \delta)$$

oder, da δ ein kleiner Winkel ist,

$$l \cos(\alpha + \delta) \approx l \cos \alpha \, (1 - \delta \tan \alpha) \,. \qquad (12)$$

*) Siehe Schrifttumsnachweis auf S. 134. Ferner Schliephacke, G., Überblicke über Tachymetertafeln, über Tachymeterrechenschieber und über Nomogramme zur Auswertung tachymetrischer Aufnahmen. Vermessungstechnik 1953 S. 187, 1954 S. 211, 1955 S. 49.

Demnach wird aus (8) bei Berücksichtigung von δ

$$E = c \cos \alpha + k\, l \cos^2 \alpha\, (1 - \delta \tan \alpha)\,. \tag{13}$$

Um die Einflüsse der verschiedenen Fehlerquellen zu erkennen, wird hierauf das Fehlerfortpflanzungsgesetz [Band I 14.4] angewandt. Das gibt

$$m_E^2 = \left(\frac{\partial E}{\partial c}\right)^2 m_c^2 + \left(\frac{\partial E}{\partial k}\right)^2 m_k^2 + \left(\frac{\partial E}{\partial l}\right)^2 m_l^2 + \left(\frac{\partial E}{\partial \alpha}\right)^2 m_\alpha^2 + \\ + \left(\frac{\partial E}{\partial \delta}\right)^2 m_\delta^2\,, \tag{14}$$

worin, wenn in den ersten vier Ausdrücken das Glied mit δ vernachlässigt wird, die partiellen Ableitungen folgende Werte haben:

$$\left.\begin{aligned} &\frac{\partial E}{\partial c} = \cos \alpha\,; \quad \frac{\partial E}{\partial k} = l \cos^2 \alpha\,; \quad \frac{\partial E}{\partial l} = k \cos^2 \alpha\,, \\ &\frac{\partial E}{\partial \alpha} = c \sin \alpha + k\, l\, 2 \sin \alpha \cos \alpha \approx k\, l \sin 2\,\alpha\,, \\ &\frac{\partial E}{\partial \delta} = - k\, l \cos^2 \alpha \tan \alpha = 1/2\, k\, l \sin 2\,\alpha\,. \end{aligned}\right| \tag{15}$$

Um Zahlenwerte zu erhalten, werde eine mit einem Distanzmesser mit $k = 100$ gemessene 100 m lange Strecke betrachtet; es ist also in den Ausdrücken (15) $k = 100$ und $l = 100$ cm zu setzen. Erfahrungsgemäß ist sodann $m_c \approx \pm 2$ cm und $m_k \approx \pm 0{,}05$. Eine einzelne Ablesung an der Latte kann bei Feldmeßinstrumenten auf ± 1 mm und demnach ein Lattenabschnitt auf ± 1 mm $\sqrt{2}$ bestimmt werden. Dieser Betrag ist jedoch im Hinblick auf Refraktionseinflüsse [Band II 24.1] um rd. 20 % zu vergrößern, so daß $m_l = \pm 0{,}18$ cm angenommen werde. Die Vertikalwinkel erhält man bei Ablesungen in einer Fernrohrlage mit $m_\alpha = \pm 2^c$.

Die Latte kann mit einer Dosenlibelle auf etwa $1/2^g$ ins Erdlot gebracht werden, so daß $\delta = m_\delta = \pm 50^c$ ist. Einsetzen in (14) ergibt dann zur Berechnung des mittl. Fehlers (in cm) einer Strecke von 100 m

$$m_{100}^2 = (2 \cos \alpha)^2 + (5 \cos^2 \alpha)^2 + (18 \cos^2 \alpha)^2 + \\ + (3 \sin 2\,\alpha)^2 + (40 \sin 2\,\alpha)^2\,. \tag{16}$$

Danach ist die nachstehende Tabelle errechnet:

α	Fehler in cm bewirkt durch					
	m_c	m_k	m_l	m_α	m_δ	m_{100}
0^g	±2	±5	±18	±0	± 0	±19 cm
10	2	5	18	0	12	±22 cm
20	2	4	16	2	24	±27 cm
30	2	4	15	3	32	±36 cm

Entscheidend ist also in erster Linie die Genauigkeit, mit der der Lattenabschnitt beobachtet wird, und bei wachsenden Höhenwinkel die Sorgfalt, mit der der Meßgehilfe die Latte aufhält. Er sollte daher stets einen Bambus- oder Fluchtstab zum Verstreben der Latte benutzen. Im Durchschnitt kann auf eine Strecke von 100 m bei mäßiger Neigung eine Unsicherheit von rd. 0,2 % erwartet werden. Dieser Prozentsatz gilt aber erfahrungsgemäß nur für Strecken von 20 m bis etwa 130 m. Darüber hinaus nimmt die Genauigkeit schnell ab, so daß man bei Entfernungen von 300 m, wie sie z. B. bei kleinmaßstäbigen topographischen Aufnahmen gemessen werden, mit ± 0,4 % und mehr rechnen muß.

32.52 *Bei der Bestimmung des Höhenunterschiedes* erhält die Gleichung (9), wenn die Latte am Ziel um den Winkel δ geneigt ist, die Form

$$h = c \sin \alpha + 1/2\, k\, l \sin 2\,\alpha\, (1 - \delta \tan \alpha)\,. \tag{17}$$

Auf ähnlichem Wege wie in 32.51 findet man für den mittleren Fehler eines über eine 100 m lange Strecke beobachteten Höhenunterschiedes

$$m_h^2 = (2 \sin \alpha)^2 + (2{,}5 \sin 2\,\alpha)^2 + (9 \sin 2\,\alpha)^2 + (3 \cos 2\,\alpha)^2 + \\ + (80 \sin^2 \alpha)^2\,. \tag{18}$$

Damit ergibt sich folgende Tabelle:

α	h auf 100 m	Fehler in cm bewirkt durch					m_h
		m_c	m_k	m_l	m_α	m_δ	
0^g	0,0 m	0,0	0,0	0,0	3,0	0,0	± 3 cm
10	15,4 m	0,3	0,8	2,8	2,8	1,6	± 4 cm
20	29,4 m	0,6	1,5	5,3	2,4	7,8	±10 cm
30	40,4 m	0,9	2,0	7,3	1,8	15,6	±17 cm

Die Fehlereinflüsse bei der Bestimmung des Höhenunterschiedes entsprechen also — von der Größenordnung abgesehen — durchaus denen der Entfernungsbestimmung; auch hier hat man vor allem für sorgfältiges Bestimmen des Lattenabschnitts und Lotrechthalten der Ziellatte zu sorgen. Ferner zeigt sich, daß es für tachymetrische Zwecke genügt, die Vertikalwinkel $\pm 2^c$ zu erfassen. Berücksichtigt man schließlich noch den mittl. Fehler bei der Bestimmung der Instrumentenhöhe mit ± 1 bis 2 cm, so kann man für einen über eine Strecke von 100 m ermittelten Höhenunterschied bei einer Geländeneigung bis zu 10^g einen mittl. Höhenfehler von ± 5 cm erwarten.

33 Der einfache Tachymetertheodolit

Reichenbachsche Distanzfäden finden sich vor allem im Nivelliertachymeter, in der Kippregel und im Tachymetertheodolit. Das Nivelliertachymeter ist bereits in Band I 62.3 erwähnt. Die Kippregel wird zusammen mit dem Meßtisch in 36 besprochen werden.

Der *einfache Tachymetertheodolit* ist in der Regel ein mit Nonien, Strichmikroskopen oder einfachen Skalenmikroskopen versehener Bau- oder Ingenieurtheodolit [Band II 14.3], der einen Höhenkreis, Distanzfäden, eine Bussole [35] und eine Nivellierlibelle am Fernrohr besitzt. Die Fernrohrlibelle ist entweder eine einfache Röhrenlibelle oder eine Doppelschliflibelle, deren Achse der Zielachse des Fernrohrs parallel sein muß.

Unter Verzicht auf die in Band I und II geschilderten Verfahren der Fehlerkompensation pflegt man in der Tachymetrie Justierungsmängel so gut wie möglich zu beseitigen, damit auch beim Benutzen e i n e r Libellenlage, e i n e s Zeigers und e i n e r Fernrohrlage ausreichend genaue Werte erhalten werden. Man berichtigt das Instrument zweckmäßig folgendermaßen:

1. Berichtigen der Alhidadenlibelle nach Band I 51.32;
2. Beseitigen des Zielachsenfehlers und soweit möglich des Kippachsenfehlers nach Band II 16.1;
3. Beseitigen der Indexabweichung durch Justieren der Höhenzeigerlibelle nach 13.3 dieses Bandes;

4. Berichtigen der Fernrohrlibelle noch Band I 62 oder 36.2 dieses Bandes.

Die Indexabweichung sollte täglich überprüft werden. Das geschieht am einfachsten dadurch, daß man die Fernrohrlibelle und die Höhenzeigerlibelle einspielen läßt, und prüft, ob am Höhenkreis $z = 100^g$ erscheint.

Als *Distanzlatte* kann bei Entfernungen bis etwa 130 m jede einfache, klar geteilte Nivellierlatte dienen. Für größere Zielweiten benutzt man eine in 5-cm-Felder unterteilte Latte, deren Felder so übersichtlich angeordnet sind, daß die Latte auch ohne Bezifferung abgelesen werden kann. Für mittlere Entfernungen empfiehlt sich eine Latte, bei der die Zentimeterfelder zu 5-cm-Gruppen zusammengefaßt sind. Hat man ein terrestrisches Fernrohr, d. h. ein Fernrohr, das aufrecht stehende Bilder gibt, so muß die Latte mit aufrecht stehenden Zahlen versehen sein.

34 Die Reduktionstachymeter

Da das Ablesen der Höhenwinkel, die Reduktion der schräg gemessenen Strecken auf die Horizontale und die Berechnung der Höhenunterschiede verhältnismäßig viel Zeit in Anspruch nimmt, werden seit nahezu 100 Jahren sogenannte Reduktionstachymeter gebaut, die ohne Zwischenablesung und Rechnung sogleich die reduzierte Strecke und den Höhenunterschied hergeben. Die fast verwirrende Fülle der Typen läßt sich folgendermaßen untergliedern:

34.1 Die Schiebetachymeter sind die älteste Gruppe. Bei ihnen wird zunächst der Ausdruck $c+kl=S$ berechnet und im Verhältnis 1 : 1000 an dem im Bild 37 angedeuteten oberen Maßstab eingestellt. Durch automatische Projektion von S auf eine der

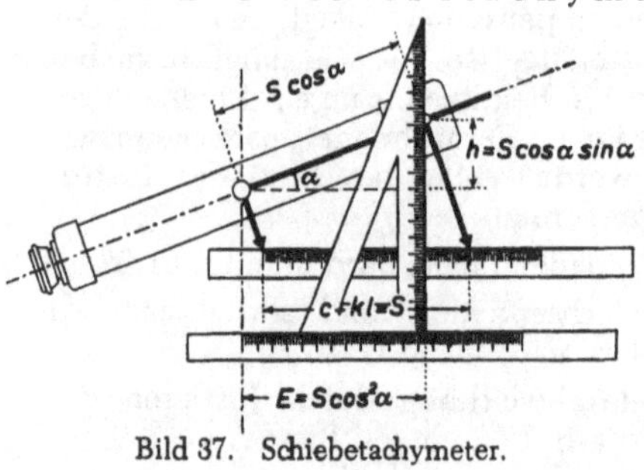

Bild 37. Schiebetachymeter.

Zielachse des Fernrohrs parallele Schiene erhält man $S \cos \alpha$ und durch abermalige Projektion mittels eines Schiebedreiecks auf den unteren Maßstab $S \cos^2 \alpha$. Der Höhenunterschied $S \cos \alpha \sin \alpha$ läßt sich am Schiebedreieck ablesen. Die Schiebetachymeter haben sich, vor allem weil das Einstellen und Abschieben zuviel Feldarbeitszeit beansprucht, nicht durchsetzen können.

34.2 Die Tachymeter mit Tangentenskala beruhen auf folgendem Prinzip (Bild 38): Eine Strecke kann mit einem Instrument, das nur einen Horizontalfaden besitzt, dadurch optisch gemessen werden, daß man das Fernrohr nach der ersten Ablesung um den parallaktischen Winkel kippt, eine zweite Ablesung macht und aus der Differenz beider Ablesungen den Lattenabschnitt l errechnet*). Bemißt man dabei die Kippung ohne Rücksicht auf die jeweilige Anfangsneigung des Fernrohrs auf 1 % der Horizontalentfernung, so hat man ein Reduktionstachymeter mit der Konstante 100. Es ist nämlich, wenn im Bild 38 K das Kippachsenlager bedeutet,

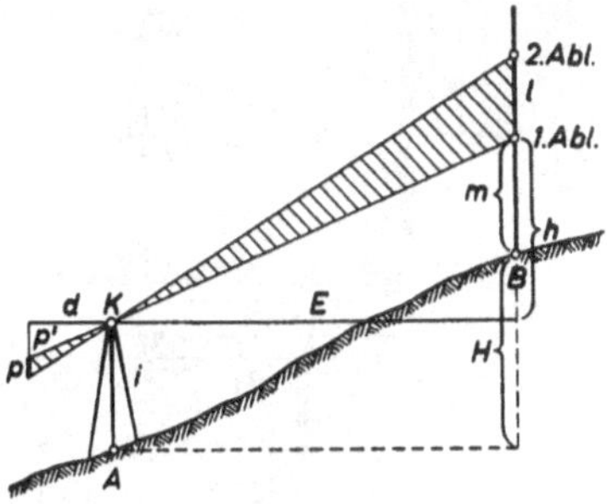

Bild 38.

$$E = \frac{d}{p}\, l \qquad \text{und} \qquad h = \frac{p'}{d}\, E\,.$$

Wenn dann d zu 10 cm und p zu 1 mm genommen wird, so ist $E = 100\, l$, und wenn weiter p' in ganzen mm ausgedrückt wird, so ist in Worten h gleich p' % von E. Das einfachste Instrument, das nach diesem Prinzip arbeitet, ist:

*) Vogg, A., Entfernungsmessung mit der Tangentenschraube. Zeitschr. f. Verm.wesen 1951 S. 15.

Das *Gefällschraubentachymeter.* Es gleicht äußerlich einem Nivelliertachymeter; nur ist die Kippschraube eine feingeschnittene tangential wirkende „Tangentenschraube“, die eine Ganghöhe von $d/100$ hat und eine Skala zum Zählen der vollen Umdrehungen besitzt (ähnlich dem Bild 47 des II. Bandes). Der Neigungsbereich ist beschränkt; er beträgt nur etwa 5 % der Entfernung.

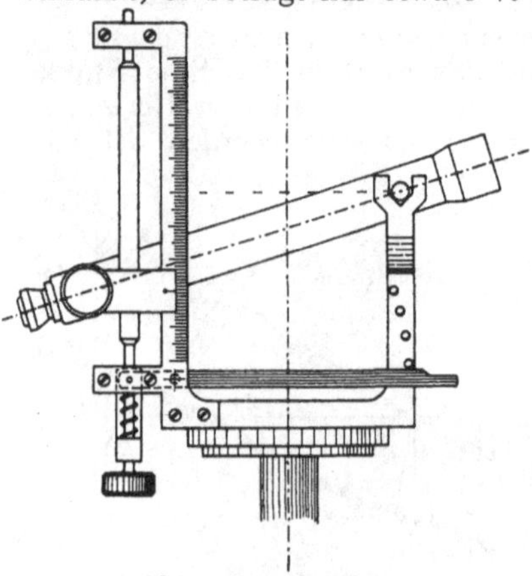

Bild 39. Kontakttachymeter.

Das *Kontakttachymeter,* das vor allem in Frankreich gebaut wird, hat ein mit Anschlägen (Kontakten) versehenes Hebelsystem, durch das das Fernrohr vor der 2. Ablesung um ein (oder mehrere) Prozente gekippt werden kann. Äußerlich ist es vor allem dadurch kenntlich, daß es anstatt des Höhenkreises eine Prozentskala besitzt.

Beim *Scepessytachymeter,* das zuerst im Jahre 1928 von der Firma Süß in Budapest herausgebracht wurde, wird eine auf dem Zylindermantel des Höhenkreises angebrachte Prozentteilung ins Fernrohrokular gespiegelt.

34.3 D i e K u r v e n - o d e r D i a g r a m m t a c h y m e t e r, die in ihrer heutigen Form als günstigste aller vorhandenen Lösungen anzusprechen sind, haben eine lange Entwicklungsgeschichte hinter sich. Nachdem Versuche, einen der Distanzfäden mit dem Höhenkreis so zu koppeln, daß der Fadenabstand p bei Neigung des Fernrohrs um den Winkel α auf $p \cos \alpha$ verringert wird, an der Ungenauigkeit des Übertragungsmechanismus gescheitert waren, entstand um die Jahrhundertwende durch Zusammenarbeit von E. Hammer, Professor der Geodäsie in Stuttgart, mit dem Feinmechaniker und späteren Dr. h. c. O. Fennel in Kassel das *Hammer-Fenneltachymeter*. Bei diesem Instrument, das von den Firmen Fennel und Breithaupt in den 20er Jahren in eine moderne Form gebracht wurde, erscheinen in der einen Hälfte der Okularbildebene an Stelle der festen Distanzfäden Kurven, deren Abstände sich bei wachsendem Höhenwinkel entsprechend den Reduktionsformeln 32 (11) ändern. Diese Kurven werden durch ein in Kippachsenhöhe am Fernrohrträger fest eingebautes transparentes Diagramm (Bild 40) erzeugt, das über ein optisches System auf ein die Hälfte der Okularbildebene einnehmendes Prisma geworfen wird. Die unterste Kurve ist die Entfernungskurve; die mit Zahlen (Multiplikatoren) versehenen schrägen Kurven sind die Höhenkurven. Das Bild 41, das einen Blick in das Okular darstellt, zeigt in der rechten Hälfte das Diagramm in der durch die Fernrohrneigung verschobenen Lage. Links erscheint hart angelegt an die Prismenkante die Distanzlatte. Sie trägt in 1,40 m Höhe eine Nullmarke, auf die die Nullkurve eingestellt ist. An der Entfernungskurve liest man die reduzierte Strecke zu 0,126 × 100 = 12,6 m ab, und an der Höhenkurve ergibt sich der Höhenunterschied zu 0,095 × (– 10) = – 0,95 m.

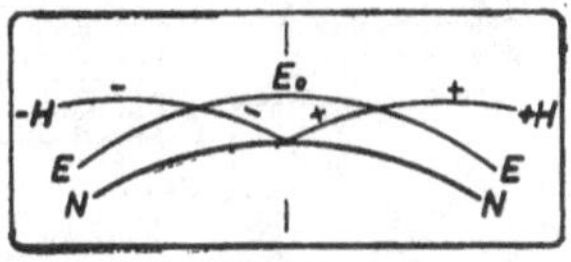

Bild 40.

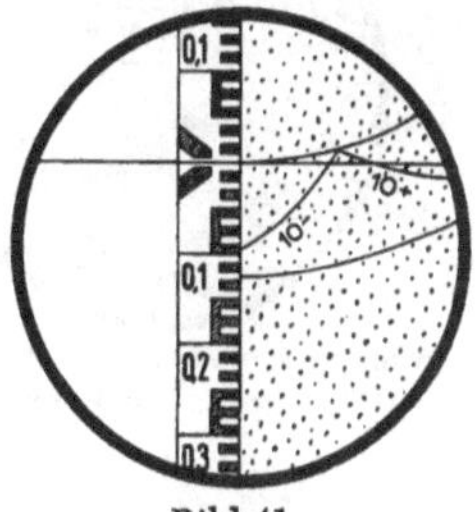

Bild 41.

Eine noch günstigere Lösung ist das im Jahre 1942 von der Firma Carl Zeiss in Jena nach einem Vorschlag des Norwegers Dahl entwickelte *Dahl-Tachymeter*. Beim Dahlta sind die Kurven auf dem aus Glas gefertigten

Höhenkreis aufgetragen und gelangen auf dem aus dem schematischen Bild 42 zu ersehenden Wege in das Okular.

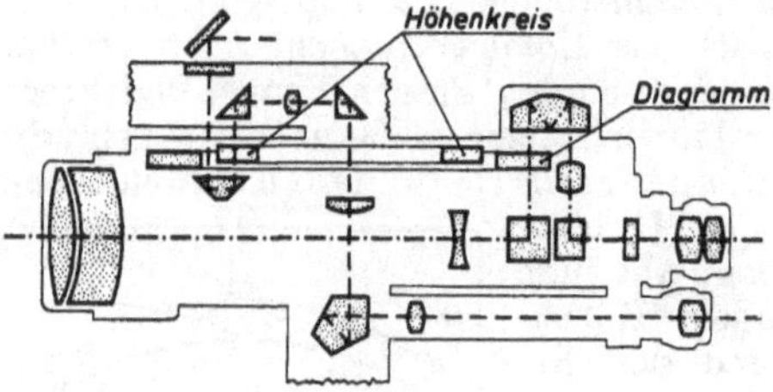

Bild 42.

Die Vorzüge sind ein volles Gesichtsfeld, etwas flacherer Verlauf der Fäden und aufrecht stehende klare Bilder (Bild 43). Mit noch flacheren Kurven ausgestattet und daher noch angenehmer im Gebrauch sind die Tachymeter RDS der Firma Wild und DKRV von Kern-Aarau.

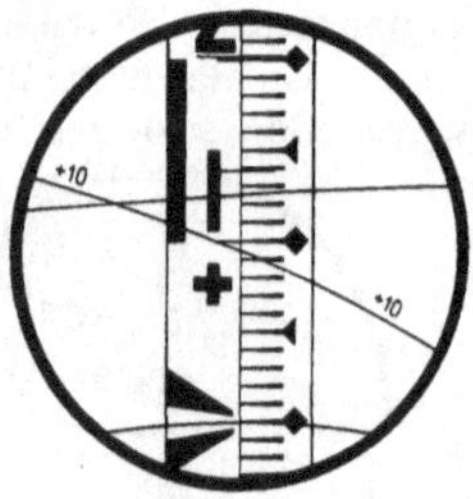

Horizontalentfernung: E=0,126×100=12,6 m
Höhenunterschied: H=0,095×(+10)=+0,95m

Bild 43.

34.4 Für die Meßgenauigkeit der Reduktionstachymeter gelten dieselben Überlegungen wie beim Fadendistanzmesser [32.5]. Doch gehen bei den älteren Typen 20—30 % der Genauigkeit durch den Reduktionsvorgang verloren. Bei den neueren Kurventachymetern ist dieser Verlust durch die feine Ausführung der Fäden und die Vergütung der Optik weitgehend ausgeglichen.

35 Bussolen und Bussolentachymeter

35.1 Die Bussoleninstrumente. Eine Bussole ist ein mit einer Visiereinrichtung versehener Kompaß. Die Visiereinrichtung weist gewöhnlich in die Richtung des Durchmessers, der den Nullpunkt der Teilung enthält. Der Kreis ist meistens linksläufig geteilt, so daß, wenn ein Ziel mit der Zielvorrichtung anvisiert ist, der magnetische Richtungswinkel der betreffenden Zielrichtung sich an der Kompaßnadel ablesen läßt.

Die einfachste Form der Bussole ist der *Marschkompaß*, bei dem die Visiervorrichtung aus einem Pfeil besteht. Er kommt für geodätische Zwecke kaum in Frage. Vielseitiger verwendbar ist die *Diopterbussole*, die auf ein Stockstativ oder ein leichtes Dreibein gesetzt und mit einer Dosenlibelle horizontiert wird. Ihr dosenförmiges Gehäuse trägt am inneren Rand einen — meistens in volle Sexagesimalgrade — eingeteilten Kreis. In der Mitte des Bodens ist eine Pinne mit einer feinen Spitze eingeschraubt; auf ihr schwebt hoch- oder flachkant eine mit einem Achathütchen versehene Kompaßnadel, die als Gegengewicht gegen die Inklination an einem Arm einen Schieber trägt.

Bild 44. Diopterbussole DBI von Ertel.

Die Visiereinrichtung besteht gewöhnlich aus einem Sehschlitz und einem am anderen Ende des Durchmessers parallel zu dem Sehschlitz gespannten Faden. Zur Sicherung der Spitze kann die Nadel bei Nichtgebrauch mit einer Hebelvorrichtung von der Spitze abgehoben und arretiert werden. Die Diopterbussolen werden in ziemlich

Bild 45. Fernrohrbussole FB von Ertel.

unterschiedlichen Aufmachungen als Universalkompaß, Routenkompaß, Geographen- oder Geologenkompaß usw. auf den Markt gebracht.

Ist die Visiervorrichtung ein kleines Fernrohr, so hat man eine *Fernrohrbussole*. Diese besitzt gewöhnlich einen einfachen Höhenkreis, eine Klemm- und Feinbewegungseinrichtung und ein leichtes Stativ. Das Fernrohr ist durchschlagbar und vielfach an der Außenseite des Kompaßgehäuses — also exzentrisch — angebracht. Man erhält den magnetischen Richtungswinkel zum Zielpunkt daher erst aus dem Mittel aus beiden Fernrohrlagen.

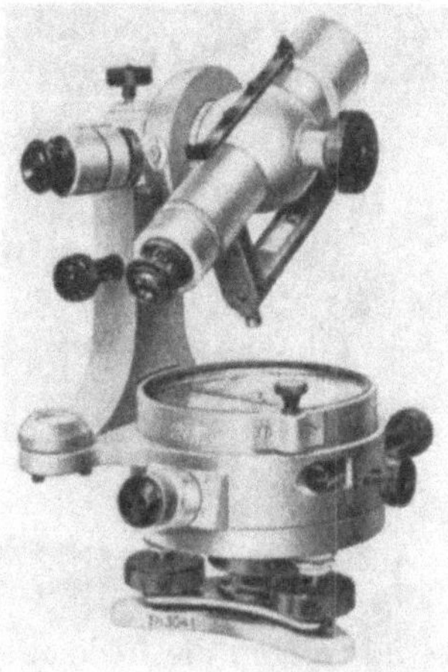

Bild 46. Tachymeterbussole von Breithaupt.

Besitzt das Instrument außer dem Kompaß noch einen selbständigen Horizontalkreis, so hat man eine *Tachymeterbussole*. Der Horizontalkreis befindet sich unter dem Kompaß; er wird mit einem Nonius, einem Strichmikroskop, seltener einem einfachen Skalenmikroskop abgelesen; das Fernrohr wird durchschlagbar von einem meistens einarmigen Fernrohrträger gehalten. Außerdem sind ein Höhenkreis, Distanzfäden sowie eine Klemm- und Feinbewegungsvorrichtung eingebaut.

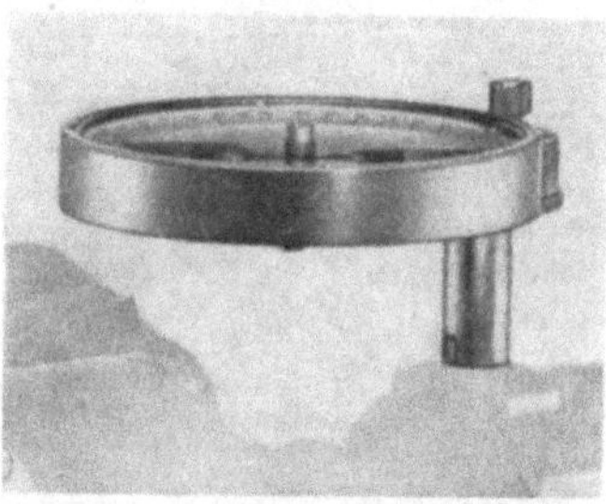

Bild 47. Vollkreisaufsatzbussole von Fennel.

Die gleichen Möglichkeiten bietet ein mit einer *Aufsatzbussole* versehener Tachymetertheodolit. Die Aufsatzbussole ist entweder eine Vollkreisbussole oder eine Orientierbussole. Die *Vollkreisbussole* wird so auf die Fernrohrstützen gesetzt, daß der Teilstrich 0 zum Objektivende des Fernrohrs zeigt und der Durchmesser durch die Nullmarke der Zielachse des Fernrohrs parallel ist. Die *Orientierbussole* besitzt als Gehäuse einen schmalen Kasten oder eine Röhre, in welchen die Magnetnadel nur über wenige Grade hinweg schwingen kann. Sie wird am Oberbau des Theodolits so befestigt, daß die Linie 0—180° bzw. 0—200^g der Zielachse des Fernrohrs parallel läuft. Beim Gebrauch dreht man den Theodolit so lange, bis die Nadel scharf einspielt; dann kann man den der magnetischen Nordrichtung zukommenden Richtungswert am Teilkreis des Theodolits ablesen. Aus den Unterschieden der magnetischen Nordrichtung gegenüber den Richtungen nach den anzuschneidenden Zielen ergeben sich deren magnetische Richtungswinkel.

Bild 48. Orientierbussole von Fennel.

Die Orientierbussole ist im Gebrauch umständlicher als die Vollkreisbussole. Man erreicht mit ihr jedoch eine Genauigkeit ± 1′, während eine Vollkreisbussole bei der Ablesung an beiden Enden rd. ± 6′ ergibt. Ein Freihandkompaß wird selten mehr als ± 5° hergeben.

35.2 Die Prüfung der Bussoleninstrumente hat sich auf folgende Punkte zu erstrecken:

a) Die Bussolennadel soll gerade sein und im Mittelpunkt der Teilung schwingen. Unterscheiden die Ablesungen an beiden Nadelenden sich nicht um genau 200^g, so liegt eine Exzentrizität der Pinne oder eine Knickung der Nadel vor, die durch Ablesung an beiden Nadelenden herausfällt.

b) Die Verbindungslinie 0—180° bzw. 0—200^g der Bussolenteilung soll der Visierachse parallel sein. Ist diese Bedingung nicht erfüllt, so liegt ein Zielachsenfehler vor, der durch seitliches Verschieben des Fadenkreuzes behoben oder durch Beobachten in zwei Lagen eliminiert werden kann.

c) Die Nadel muß sich leicht auf der Pinne drehen. Zur Prüfung läßt man die Nadel durch Annähern eines Eisenstückes ausschlagen. Nach etwa 10 Schwingungen soll sie zur Ruhe kommen und die Anfangsstellung wieder einnehmen. Bei Abweichungen säubert man zunächst Pinnenspitze und Hütchen. Erforderlichenfalls muß die Pinnenspitze nachgeschliffen und die Nadel ausgewechselt werden.

36 Meßtisch und Kippregel

Der Meßtisch ist das älteste der heute noch gebrauchten Aufnahme-Instrumente. Er ist als Mensula Praetoriana bereits im 17. Jahrhundert bekannt. Zur Meßtischausrüstung gehören der Meßtisch und die Kippregel.

36.1 Das Gerät. *Der Meßtisch* besteht aus der Meßtischplatte, dem Meßtischkopf und dem Stativ. Der Meßtischkopf, ein Dreifuß mit einem drehbaren und festzuklemmenden Teller, entspricht dem Unterbau eines Theodolits. Er trägt die aus Holz oder

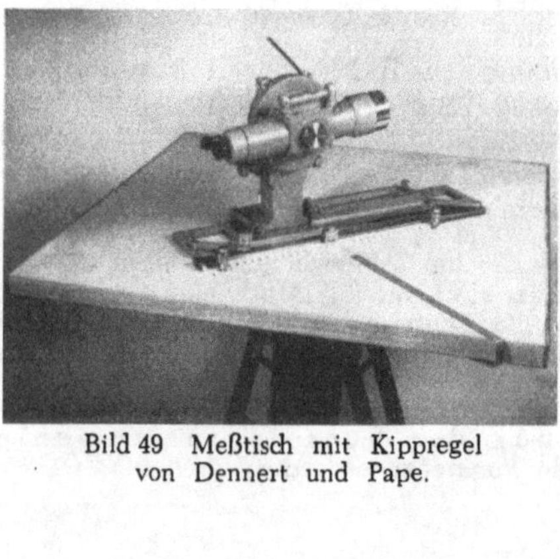

Bild 49 Meßtisch mit Kippregel von Dennert und Pape.

Leichtmetall gefertigte Meßtischplatte, die für die Aufnahme mit einem maßhaltigen Zeichenkarton bespannt wird.

Die *Kippregel* dient zum Einstellen und Anreißen der Richtungen nach den aufzunehmenden Punkten; sie steht freibeweglich auf dem Meßtisch. Auf ihrer Grundplatte, dem Zeichenlineal, befindet sich die Säule, die das Fernrohr und den Höhenkreis trägt. Das Fernrohr ist durchschlagbar und mit einer Nivellierlibelle versehen; der Höhenkreis, der die Teilung meistens an der Stirnseite trägt, wird mit Hilfe eines Nonius, eines Strich- oder Skalamikroskops abgelesen.

Bild 50. Reduktionskippregel von Kern.

Zur optischen Distanzmessung besitzen die Fernrohre älterer Kippregeln Reichenbachsche Distanzfäden. Manche neueren Kippregeln, z. B. von Breithaupt, Fennel, Kern u. a., sind mit den von den Kurventachymetern her bekannten automatischen Reduktionseinrichtungen ausgestattet. Bild 50 zeigt die Einrichtung von Kern, die die z. Z. modernste Ausführung darstellt.

An Zubehör sind gewöhnlich eine Querlibelle, eine Orientierbussole, ein verschiebbares Parallellineal und bei älteren Instrumenten ein Transversalmaßstab vorhanden, die sämtlich am Lineal befestigt sind. Ferner ist eine Dosenlibelle zum Horizontieren und eine Lotgabel zum Zentrieren des Meßtisches beigegeben.

Zu Beginn der Arbeit müssen Meßtisch und Kippregel überprüft und erforderlichenfalls berichtigt werden.

36.2 Prüfung und Berichtigung des Geräts. Der Meßtisch muß so fest stehen, daß ein mit der Kippregel eingestellter Zielpunkt nach mäßigem Niederdrücken der Platte wieder im Fadenkreuz erscheint. Die Platte darf, wenn man ein Stahllineal hochkant darüber hinweg führt, keine Unebenheiten erkennen lassen. Das Lineal der Kippregel muß, was sich durch Umsetzen längs einer feinen Bleistiftlinie prüfen läßt, geradlinig sein.

Nachdem Mängel der vorgenannten Art in der Werkstatt beseitigt sind, kann die Kippregel justiert werden. Dazu hat man die Meßtischplatte mit Hilfe der Querlibelle in zwei senkrecht aufeinanderstehenden Richtungen zu horizontieren und nimmt dann die Berichtigung zweckmäßig in folgender Reihenfolge vor:

a) Zielachsenfehler: Fernes Ziel in Kippachsenhöhe anvisieren und an Linealkante Zielrichtung anreißen, Fernrohr durchschlagen; Kippregel umsetzen und Linealkante scharf an die angerissene Zielgerade anlegen. Die horizontale Abweichung am Zielpunkt entspricht dem doppelten Zielachsenfehler. Eine Hälfte durch Drehen der Meßtischplatte, die andere durch Verschieben des Fadenkreuzes beseitigen.

b) Kippachsenfehler: Hochgelegenen Punkt anzielen und Zielgerade anreißen; Fernrohr durchschlagen, Kippregel umsetzen und an Zielgerade anlegen. Die Abweichung gegen den Zielpunkt ist der verdoppelte Einfluß des Kippachsenfehlers. Eine Hälfte durch Drehen der Meßtischplatte beseitigen, die andere Hälfte, wenn am Kippachsenlager eine Berichtigungsschraube vorhanden ist, durch deren Betätigung ausschalten. Fehlt die Schraube, so hat man die ganze Tragsäule mit der dafür vorgesehenen Neigungsschraube zu kippen.

c) Indexabweichung: Zielpunkt in beiden Fernrohrlagen bei einspielender Höhenzeigerlibelle mit Mittelfaden einstellen und Vertikalkreis ablesen. Sollablesung durch Abstimmen auf 400^g ermitteln und durch Betätigen der Höhenzeigerfeinbewegungsschraube einstellen. Libelle mit Berichtigungsschrauben zum Einspielen bringen.

d) Fernrohrlibelle: Nicht zu weit entfernte Nivellierlatte in beiden Fernrohrlagen bei einspielender Libelle ablesen. Arithmetisches Mittel beider Ablesungen einstellen. Libelle mit Berichtigungsschraube zum Einspielen bringen.

e) Bussolenfehler wie beim Bussolentheodolit feststellen und beseitigen [35.2].

37 Tachymeter mit Basis im Stand des Beobachters

37.1 Geräte mit konstanter Basis. Bei Geräten dieser Art entwerfen zwei an den Enden der Basis angebrachte Objektive je ein Bild eines am Ziel befindlichen Gegenstandes. Die beiden Bilder werden über Spiegel- oder Prismensysteme in ein gemeinsames Okular geleitet und dort mittels eines durch eine Meßschraube zu bewegenden optischen Mittels (Planplatte, Drehkeil, Schiebelinse u. dgl.) zur Koinzidenz gebracht. Die Entfernung kann an einer an der Schraubentrommel befindlichen Skala abgelesen werden. Der Zielraum braucht dabei nicht betreten zu werden; das Gerät wird daher vorwiegend für militärische Zwecke verwendet*). Für geodätische Zwecke sind die Geräte mit kleiner Basis zu ungenau und die mit großer Basis zu schwerfällig. Auch ist meistens weder ein Horizontal- noch ein Vertikalkreis vorhanden.

37.2 Geräte mit veränderlicher Basis. Auch diese Geräte können nur beschränkten Genauigkeitsansprüchen genügen. Eine handliche moderne Ausführung ist der in den 30er Jahren von der Firma Carl Zeiss in Jena entwickelte *Einstandentfernungsmesser Teletop,* in dem ein Basisentfernungsmesser mit einer Fernrohrbussole und einem Höhenkreis vereinigt ist. Der Basisentfernungsmesser (Bild 51) besteht aus einem kurzen gebrochenen Fernrohr und einem in mm eingeteilten 30 cm langen Basislineal, auf dem sich zwei Rechtwinkelprismen befinden; das erste, dem ein flacher Keil vorgeschaltet ist, ist fest eingebaut, während das zweite in der Basisrichtung hin und her bewegt wird. Ein vom Okular ausgehender

*) Günther, Norbert, Fernoptische Beobachtungs- und Meßinstrumente. Stuttgart 1959.

Strahl wird durch das feste System um den Winkel $(100^g + \gamma)$, durch das bewegliche dagegen um den Winkel 100^g abgelenkt, so daß beide Strahlen sich unter dem Winkel γ schneiden.

Der Beobachter visiert das Ziel, das ein einfacher Fluchtstab sein kann, durch das Fernrohr zunächst über das feste System an; dann sucht er das Ziel über die Optik des zweiten Bildes und bewegt den Schieber so lange hin und her, bis die beiden Bilder koinzidieren. Schließlich liest er am Basislineal die Länge der Basis ab und errechnet die zugehörige Entfernung, indem er die Basis mit der auf der Keilfassung angegebenen Verhältniszahl multipliziert. Dem Instrument sind mehrere Keile mit verschiedenen Keilwinkeln und Verhältniszahlen beigegeben, über deren Meßbereich nebst der zu erwartenden Genauigkeit die Firma die nachstehend auszugsweise mitgeteilten Angaben macht:

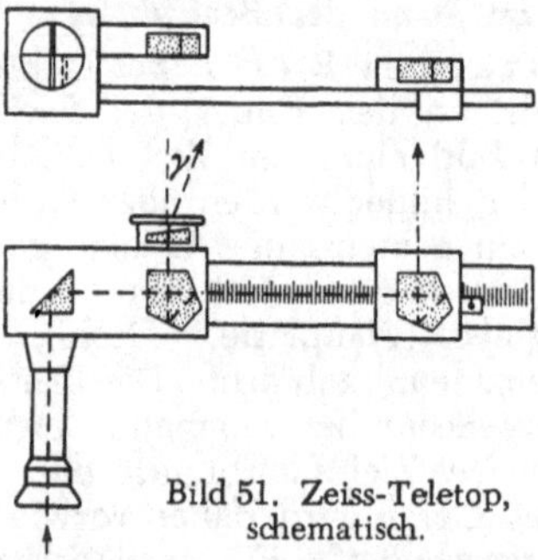

Bild 51. Zeiss-Teletop, schematisch.

Meßkeil	Meßbereich	Meßgenauigkeit in % der Entfernung
1 : 250	4— 75 m	± 0,3 %
1 : 500	8—150 m	± 0,5 %
1 : 1000	15—300 m	± 1 %

Der *Distanzmesser Todis,* den die Firma Breithaupt in Kassel auf Anregung von A. Berroth entwickelt hat, benutzt ein ganz ähnliches Prinzip. Bei diesem Instrument sind ein einfacher Nonientheodolit und ein Basisentfernungsmesser vereinigt. Auf dem Unterbau des Theodolits ist eine nach beiden Seiten um rd. 35 cm überstehende Basis auf zwei Ringen so befestigt, daß man die Basis und das Ziel durch Drehen um die Ringachse in eine Ebene bringen kann. Auf jedem der beiden Basisarme befinden sich in je einem Schieber ein Rechtwinkelprisma und ein Distanzkeil, über die der Zielstrahl um den Winkel $(100^g + \gamma)$ bzw. $(100^g + \varepsilon)$ nach der Mitte zu abgelenkt wird, so daß die Strahlen sich unter dem Winkel $\gamma = \delta + \varepsilon$ schneiden. Man erhält daher über einer im Vergleich zum Teletop verdoppelten Basis zwei symmetrisch zueinander liegende Bilder eines am Ziel aufgestellten Stabes, die man zur Deckung bringen muß. Richtung und Höhenunterschied werden mit dem Theodolitfernrohr eingestellt und am Horizontalkreis bzw. an der Bussole und am Vertikalkreis abgelesen. Dem Instrument sind drei Keilpaare beigegeben, mit denen unter günstigen äußeren Umständen folgende Genauigkeiten erzielt werden können:

Bild 52. Breithaupt-Todis.

Keilpaar	Meßbereich	Meßgenauigkeit in °/₀ der Entfernung
1 : 100	10— 75 m	±0,1
1 : 200	15—150 m	±0,2
1 : 500	bis 400 m	±0,8

Unter weniger günstigen Umständen muß bei den längeren Strecken mit Fehlern von 1 bis 2 °/₀ gerechnet werden. Da außer dem Beobachter nur ein Meßgehilfe erforderlich ist, empfiehlt das Gerät sich u. a. für Aufnahmen auf Expeditionen.

4 Tachymetrische und topographische Aufnahmeverfahren

41 Höhenlinien und Geländedarstellung

Als Grundlage für die Anlage von Eisenbahnen, Straßen, Wasserläufen, Brücken, Staudämmen, Kraftwerken und ähnlichen Ingenieurbauten werden Pläne in den Maßstäben 1 : 500, 1 : 1000 bis 1 : 2500 benötigt, die den Grundriß enthalten und das Gelände in Höhenlinien wiedergeben. Die Geländedarstellung in Höhenlinien gehört ferner zum hauptsächlichsten Inhalt der topographischen Karten in den Maßstäben 1 : 5000 bis etwa 1 : 25 000.

Die Höhenlinien, auch Schichtlinien, Niveaukurven oder Isohypsen genannt, sind die Horizontalprojektionen der Kurven, die Punkte gleicher Meereshöhe miteinander verbinden. Sie erfüllen zwei Aufgaben: Sie veranschaulichen die Geländeverhältnisse und geben dem Benutzer die Möglichkeit, die Meereshöhen von Geländepunkten aus der Karte zu entnehmen.

Die Höhenlinien sind fiktive Linien, die in jedem ihrer Punkte rechtwinklig zur Richtung des stärksten Gefälles verlaufen. Je enger sie aneinanderliegen, um so stärker ist das Gelände geneigt. Der senkrechte Abstand zweier benachbarter Höhenlinien heißt die Schichthöhe oder die Äquidistanz. Die Schichthöhe ist abhängig vom Maßstab und von der Geländeneigung. Für die größeren Maßstäbe gilt im Flach- und Hügelland die Faustformel *Schichthöhe in m gleich Maßstabszahl durch 1000*, was für den Maßstab 1 : 5000 die Schichthöhe 5 m, für den Maßstab 1 : 1000 die Schichthöhe 1 m ergibt. In den topographischen Karten des Gebirges wählt man als Schichthöhe 10, 20, 50 oder 100 m. Fallen bemerkenswerte Bodenformen zwischen die Höhenlinien, so müssen Hilfshöhenlinien mit geringerer Schichthöhe eingezogen werden. Künstliche Oberflächenformen wie Böschungen, Einschnitte, Gräben u. dgl. lassen sich durch Höhenlinien nur unvollkommen zur Darstellung bringen. In solchen Fällen verwendet man besser Böschungsstriche, die man durch Zahlenangaben ergänzt.

Die Höhenlinien lassen sich in geneigtem Gelände am besten mit Hilfe photogrammetrischer Auswertegeräte erfassen, in denen man die im Gesichtsfeld des Geräts vorhandene Marke bei festgehaltener Höheneinstellung am

Geländemodell entlangführen kann*). Man gewinnt dabei kontinuierliche Linien, die weitgehend unabhängig voneinander sind. Eine photogrammetrische Aufnahme lohnt sich jedoch wegen der hohen Flugkosten nur bei größeren Objekten. Für Arbeiten kleineren und mittleren Umfangs und zur Aufnahme von Gebieten, die z. B. wegen dichten Waldbestandes von der Luft aus nicht erfaßt werden können, sowie für die Höhenaufnahmen im Flachland ist man daher nach wie vor auf eine terrestrische Aufnahme angewiesen. Gewöhnlich bestimmt man dabei eine Anzahl charakteristischer Geländepunkte nach Lage und Höhe und interpoliert die Höhenlinien zwischen ihnen auf den in Band I 74.3 geschilderten Wegen. Bei diesem Verfahren sind benachbarte Höhenlinien nicht unabhängig voneinander.

Bild 53. Geripplinien.

Für die Auswahl der Geländepunkte verschafft man sich zunächst einen Gesamtüberblick über das aufzunehmende Gelände, um dessen charakteristische Formen zu erfassen. Dann sucht man die Geripplinien auf; das sind die Rückenlinien, die im allgemeinen mit den Wasserscheiden zusammenfallen, und die Tallinien, die in den Talsohlen verlaufen. Die höchsten Punkte der Rückenlinien sind die Kuppen, die niedrigsten der Tallinien die Mulden. Rücken- und Tallinien schneiden einander in Sattelpunkten. Man erfaßt ferner die Linien des Gefällwechsels, vor allem an den Hängen der Berge und den Rändern der Täler, und nimmt schließlich

*) Vgl. Lehmann, G., Photogrammetrie (Slg. Göschen Nr. 1188/1188a).

die Kanten der natürlichen oder künstlichen Steilabfälle, der Wasserrisse, der Dämme u. dgl. auf. Alle angemessenen Punkte sollen auf dem gewachsenen Boden liegen.

Der Abstand der aufzunehmenden Punkte richtet sich hauptsächlich nach der Geländegestaltung. Er hängt aber auch ab von dem Maßstab des verlangten Plans, der seinerseits in einer bestimmten Relation zu der verlangten Genauigkeit steht. In den Maßstäben 1 : 5000 bis 1 : 2500 schwankt die Punktdichte von 300 bis zu 700 Punkten je 1 km^2, was im Mittel (d. h. bei 500 Punkten) eine durchschnittliche Punktentfernung von rund 45 m in der Natur bedeutet. Bei 1 : 1000 geht man bis zu 2500 Punkten bzw. 20 m Punktabstand. In der Regel kommt der erfahrene Aufnehmer mit verhältnismäßig wenig Punkten aus, während der Anfänger dazu neigt, möglichst viel aufzunehmen.

Bei den technischen Verfahren, nach denen die Geländepunkte aufgemessen und die Höhenlinien konstruiert werden, unterscheidet man die Theodolit- oder Kreistachymetrie, die Bussolentachymetrie und die Meßtischaufnahme. Bei den beiden erstgenannten Verfahren, die man auch unter dem Namen Zahlentachymetrie zusammenfaßt, werden die Lage und die Höhe der Geländepunkte zahlenmäßig festgelegt und die Höhenlinien nach Beendigung der Feldarbeit im Büro entworfen. Bei der Meßtischaufnahme legt man Lage und Höhe der Punkte in der Örtlichkeit auf einem maßstäblichen Plan fest und konstruiert die Höhenlinien im Anblick des Geländes [42.3].

42 Geländeaufnahme mit Kreistachymetern

42.1 Die Aufnahmegrundlagen. Höhenlinienpläne sind oft in Gebieten zu fertigen, in denen ein dem geforderten Maßstab etwa entsprechender Grundrißplan vorhanden ist. Man hat dann lediglich die Geländeformen zu erfassen. Dazu sucht man die für die Oberflächengestaltung charakteristischen Punkte auf, legt sie im Grundrißplan fest und ermittelt ihre Höhe in flachen Gebieten nivellitisch, in bewegtem Gelände tachymetrisch.

Wenn ein Grundrißplan fehlt oder der vorhandene zu klein oder zu unvollständig ist, müssen die Lage und die Höhe der Geländepunkte tachymetrisch ermittelt werden. Als Grundlage für die Aufnahme wird ein Festpunktrahmen benötigt, in dem möglichst jeder Festpunkt nach Lage und Höhe bestimmt sein soll. Ist das aufzunehmende Gebiet sehr ausgedehnt, so bilden den äußeren Rahmen gewöhnlich einige ihrer Höhe nach bekannte Dreieckspunkte. Diese verbindet man durch Polygonzüge oder Haupttachymeterzüge, deren Brechpunkte auch der Höhe nach bestimmt werden. Nach Möglichkeit sollen alle Festpunkte auch Tachymeterstandpunkte sein; sie sind daher so auszuwählen, daß von ihnen aus die Richtungen, Entfernungen und Höhenunterschiede nach den umliegenden Grenz- und Geländepunkten beobachtet werden können. Die von dort aus nicht erfaßbaren Flächen werden durch Nebenzüge und kurze Stichzüge oder durch Bussolenzüge [43] erschlossen. Da die Reichweite eines Tachymeters bei größeren Genauigkeitsansprüchen (Feintachymeter) kaum über 120 m hinausgeht, sollen die Tachymeterstandpunkte nicht mehr als 150—200 m voneinander entfernt sein. Bei bandförmigen Aufnahmen (Verkehrswege usw.) bildet gewöhnlich ein Polygon- oder Haupttachymeterzug das Rückgrat der Aufnahme.

42.2 M e s s e n u n d B e r e c h n e n d e r T a c h y m e t e r z ü g e. Tachymeterzüge werden wie Polygonzüge nach Möglichkeit beiderseits an übergeordnete Punkte angeschlossen. Die Haupttachymeterzüge mißt man gewöhnlich vor Beginn der Geländeaufnahme mit der höchsten tachymetrisch erreichbaren Genauigkeit, während die Elemente der Nebenzüge zusammen mit den Polarkoordinaten der Geländepunkte [42.3] und mit derselben Genauigkeit wie diese beobachtet werden.

Bei der *Messung der Haupttachymeterzüge* werden wie im Zahlenbeispiel auf S. 84 die Brechungswinkel β_i zweckmäßig in beiden Fernrohrlagen beobachtet. Die Seiten s_i werden mit einem der in 32 und 34 beschriebenen Distanzmesser optisch gemessen und zur Kontrolle im Vor- und Rückblick beobachtet. Seiten über 100 m unterteilt man nach dem in Band II Bild 41 angedeuteten Verfahren der doppelten Wechselpunkte.

Die Höhenunterschiede h werden zusammen mit den Seiten ebenfalls nach 32 oder 34 entweder im Vor- und Rückblick oder über doppelte Wechselpunkte beobachtet. Im Bild 54, das den erstgenannten Fall darstellt, ist H_a die NN-Höhe des Standpunktes und H_b die des Zielpunktes; ferner ist i die Höhe der Kippachse über dem Boden-

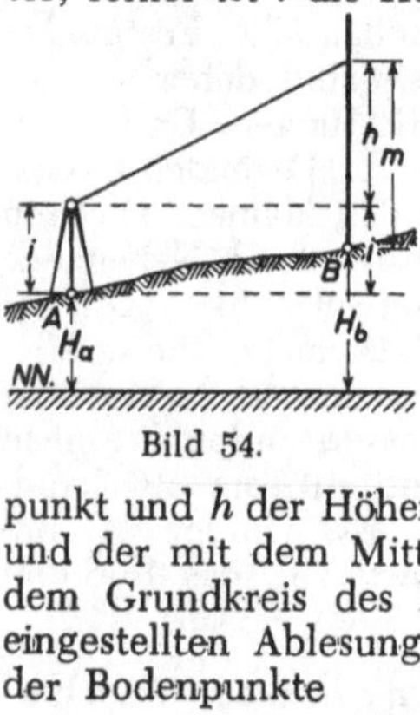

Bild 54.

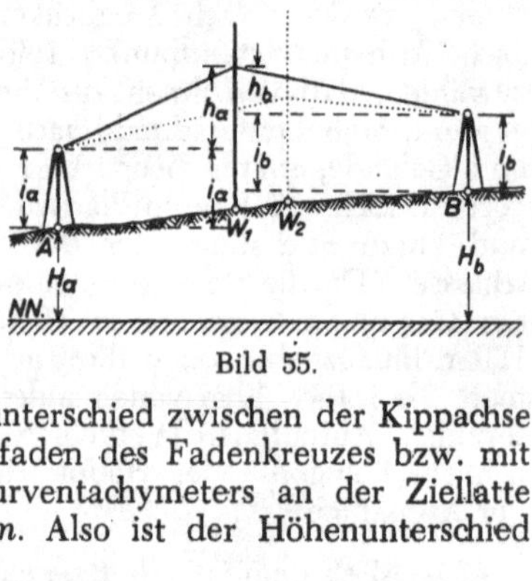

Bild 55.

punkt und h der Höhenunterschied zwischen der Kippachse und der mit dem Mittelfaden des Fadenkreuzes bzw. mit dem Grundkreis des Kurventachymeters an der Ziellatte eingestellten Ablesung m. Also ist der Höhenunterschied der Bodenpunkte

$$H_b - H_a = h + (i - m)\,. \tag{1}$$

Stellt man an der Latte das Maß i ein, so entfällt der Klammerausdruck. Wenn das infolge von Geländehindernissen oder aus apparativen Gründen nicht möglich ist, wählt man zweckmäßig für m einen Wert, der sich von i um einen runden Betrag unterscheidet.

Muß die Strecke durch einen Wechselpunkt W_1 unterteilt werden, so ziele man wie im Bild 55 von A und B aus denselben Strich der Latte an und hat dann

$$H_b - H_a = (h_a + i_a) - (h_b + i_b)\,. \tag{2}$$

Zur Kontrolle bestimmt man Entfernung und Höhenunterschied der Standpunkte über einen zweiten Wechselpunkt W_2. Ist die Sollhöhe eines oder beider Zugendpunkte nicht bekannt, so gewinnt man sie an Hand von Bild 54, wenn für den Augenblick unter H_a die nicht bekannte Höhe des Zugendpunktes und unter H_b die NN-Höhe eines benachbarten Höhenfestpunktes verstanden wird, aus

$$H_a = H_b - h - (i - m)\,. \qquad (3)$$

Die *Berechnung der Haupttachymeterzüge* beginnt mit dem Ausarbeiten der Messungsniederschrift. Zuerst berechnet man auf allen Punkten die Mittelwerte der Brechungswinkel (im Beispiel auf S. 84 eingerahmt); dann bildet man, falls ein Reduktionstachymeter nicht zur Verfügung stand, nach 32.4 die horizontalen Entfernungen und die Höhenunterschiede*) und vermerkt in der Niederschrift (eingerahmt) die Mittel aus Vor- und Rückblick. In dem Formblatt werden schließlich noch die NN-Höhen der Tachymeterstandpunkte berechnet. Dazu zählt man die gemittelten Höhenunterschiede zusammen und stellt sie dem Soll-Höhenunterschied von Anfangs- und Endpunkt gegenüber. Tritt dabei kein größerer Abschlußfehler auf als etwa $\pm$ 0,2 m $\sqrt{s_{\text{km}}}$, so wird dieser proportional den Seitenlängen auf die Höhenunterschiede verteilt, und die verbesserten Höhenunterschiede werden von Punkt zu Punkt aufaddiert. Dabei ergibt sich die Rechenprobe, daß am Schluß die Sollhöhe des Abschlußpunktes herauskommen muß.

Die Lagekoordinaten der Standpunkte werden in dem für die Berechnung von Polygonpunkten entwickelten Formblatt Band II 33 berechnet. Amtliche Vorschriften für die zulässigen Abschlußdifferenzen gibt es nicht. Doch werden die Winkelabschlußfehler f_β kaum größer sein als die von Nebenpolygonzügen (Band II 34.2). Die Streckenabschlußfehler f_s sollten $\pm$ 1,0 m $\sqrt{s_{\text{km}}}$ nicht übersteigen.

*) Die Tafelwerke und Formeln zur Berechnung des Höhenunterschiedes setzen überwiegend als Eingänge Höhenwinkel (nicht Zenitdistanzen) voraus; soweit Zenitdistanzen beobachtet sind, müssen diese also zuvor in Höhenwinkel umgerechnet werden. Negativen Höhenwinkeln entsprechen negative Höhenunterschiede.

Zahlenbeispiel: Messung eines Haupttachymeterzuges mit einem Tachymeterthodolit.

Beobachter: A. Meyer Hilfszeiger — Tag: 10. 7. 58
Skalenmikroskopth. VI 1058 Indexverb. 0^c Wetter: bedeckt

	Horiz. Kreis	$l = o - u$	Vert. Kreis	Entfernung	Höhenunterschied	Höhe
Ziel	I. Lage	1. Einst.	z	S	h	H
(Mtl.-faden)	II. Lage	2. Einst.	α	E	$h + (i - m)$	
	Brechungsw.	m	g	Mittel	Mittel	m
		Stand 1	$i = 1{,}52$			570,71
♁ A	61,175					
	,173					
2	326,340	0,815	102,525	82,10	−3,24	
(i)	,343	0,817	−2,525	81,98	+1	
	265,168			82,03	−3,24	
		Stand 2	$i = 1{,}50$			567,48
1	137,530	0,816	97,477	82,20	+3,25	
(i)	,527	0,818	+2,523	82,08		
3	325,615	0,949	100,642	95,59	−0,97	
(i)	,617	0,951	−0,642	95,58	+1	
	188,088			95,60	−0,97	566,52
		Stand 3	$i = 1{,}41$			
2	84,274	0,950	99,088	95,64	+1,37	
(1,81)	,276	0,951	+0,912	95,63	+0,97	
4					: :	
				Summe	37,63	
				Soll	37,74	
					+0,11	

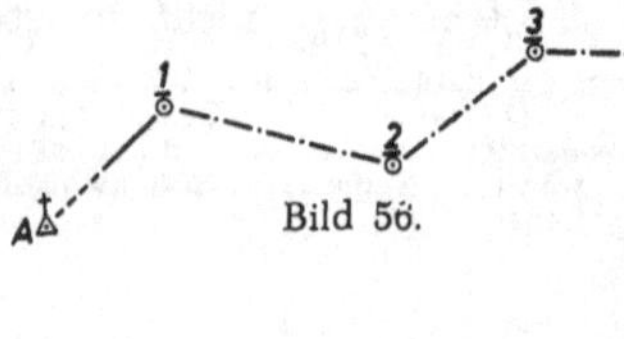

Bild 56.

Reihenfolge der Beobachtungen auf 2:

a) Horizontalwinkelmessung: Beobachten der Richtungen nach *1* und *3* in beiden Fernrohrlagen; aus der Differenz der gemittelten Richtungen den Brechungswinkel berechnen.

b) Entfernungs- und Vertikalwinkelmessung rückwärts: 1. Zum Bestimmen der Entfernung nach *1* die Kippachsenhöhe *i* messen und notieren; dann die Distanzlatte in 1 aufhalten lassen und den Mittelfaden an der Latte roh auf den Wert *i* einstellen. Nunmehr zuerst den unteren Faden auf die nächste volle Dezimetergrenze führen und den Oberfaden ablesen; dann den Oberfaden auf die nächste Dezimetergrenze bringen und den Unterfaden ablesen. Die beiden Lattenabschnitte bilden und mitteln; die Differenz darf höchstens 2 mm betragen.
2. Zum Bestimmen des Vertikalwinkels nach 1 in der I. Fernrohrlage (Kreis links) den Mittelfaden an der Latte genau auf den Wert *i* oder einen von *i* um einen runden Betrag abweichenden Wert *m* einstellen, Höhenzeigerlibelle einspielen lassen und Vertikalwinkel ablesen. Einstellung des Mittelfadens und Vertikalwinkel notieren.

c) Entfernungs- und Vertikalwinkelmessung vorwärts: Verfahre wie unter b) 1. und b) 2.

42.3 Aufnehmen der Geländepunkte. Auf den Brechpunkten der Tachymeterzüge werden die Richtungen, Entfernungen und Vertikalwinkel bzw. die Höhenunterschiede nach den gem. 41 ausgewählten Geländepunkten und zusammen mit ihnen die entsprechenden Elemente der Nebenzüge beobachtet (siehe das Zahlenbeispiel auf S. 87). Dabei sucht man mit möglichst wenig Messungsdaten auszukommen. Für den Maßstab 1 : 1000 werden Horizontalkreis und Vertikalkreis in nur einer Lage auf höchstens $0{,}01^g$ beobachtet. Die Ziellatten zielt man, indem man unterstellt, daß die Instrumentenhöhe *i* im Durchschnitt 1,40 m beträgt, in 1,40 m Höhe an und liest sie auf 1 mm oder 0,5 cm ab; bei Aufnahmen für 1 : 5000 und kleiner genügen $0{,}1^g$ bzw. 1 cm.

An Stelle der Brechungswinkel kann man auch die Richtungswinkel beobachten. Dazu stellt man auf dem Anfangspunkt mit Hilfe der Repetitionseinrichtung den — aus Koordinaten errechneten bzw. bei der Berechnung eines übergeordneten Zuges erhaltenen — Sollrichtungswinkel der Anschlußseite ein; dann sind die Visuren nach dem nächsten Zugpunkt und den Geländepunkten sogleich die (geodätischen) Richtungswinkel. Entsprechend stellt man auf dem nachfolgenden Standpunkt als Rückblick den auf dem vorangegangenen Standpunkt erhaltenen Vorblick $\pm$ 200^g ein und hat dann am Ende des Zuges die Probe, daß als Abschlußrichtung nahezu der bekannte Sollrichtungswinkel der Abschlußseite erscheinen muß.

Anfänger verschaffen sich eine Kontrolle für die Kreisablesungen, indem sie einen ausgezeichneten Strich des Nonius oder der Skala als Hilfszeiger betrachten und die Lage des Hilfszeigers ohne Zuhilfenahme des Nonius oder der Skala am Kreise schätzen, wobei dann das Ergebnis dieser Schätzung von der Hauptablesung um einen nahezu konstanten Betrag abweichen muß. Eine Kontrolle für die Lattenablesung erhält man bei Instrumenten mit 3 Fäden, indem man das Mittel von Ober- und Unterfaden mit der Ablesung am Mittelfaden vergleicht.

Wie beim Haupttachymeterzug werden die Höhenunterschiede h_i zwischen Stand- und Zielpunkt in der Feldschrift berechnet. Dabei wird ebenfalls die Gleichung (1) zugrunde gelegt; doch kann $(i - m) < 0{,}10$ m vernachlässigt werden.

Außer der Messungsniederschrift wird im Felde ein Handriß nach dem Muster des Bildes 57 geführt, in dem die eingemessenen Punkte ungefähr maßstäblich eingetragen werden. Man zeichnet ferner die Rückenlinien (gestrichelt), die Tallinien (geschlängelt) und die Richtungen des stärksten Gefälles ein; man deutet an charakteristischen Stellen die Geländeformen durch Leitkurven an und vermerkt schließlich die Böschungen (erforderlichenfalls nebst ihrer Höhe), die Gräben, die Stützmauern u. dgl. Ein guter Feldhandriß ist für das Entwerfen des Höhenlinienplans nicht weniger wichtig als die Punktaufnahme.

Z a h l e n b e i s p i e l : Aufnahme von Geländepunkten mit Tachymetertheodolit.

Beobachter: A. Meyer Hilfszeiger +6,2g Tag: 13. 7. 1958
Tachym. Theodolit VI A 1058 Indexverb. 0c Wetter: heiter

Zielpkt.	Lattenablesung		Lattenabschnitt	Horiz. Kreis	Vertik. Kreis	Entfernung	Höhenunterschied	Höhe
	o u	m $^1/_2 \cdot (o+u)$	$l = o - u$ $100\,l + \Delta E$	Richtg. (Hilfszeiger)	z α	E	h $h + (i - m)$	H
	m	m	m	g	g	m	m	m
26				Std. 27 69,25	i=1,42			114,64
1	1,837 0,965	1,4 1,401	0,872 87,60	49,25 (43,0)	97,65 +2,35	87,5	+3,2	117,8
2	1,613 1,188	1,4 1,400	0,425 42,72	125,41 (119,2)	84,32 +5,68	42,4	+3,8	118,4
3	1,753 1,049	1,4 1,401	0,704 70,73	196,17 (190,0)	102,16 −2,16	70,6	−2,4	112,2
4	2,581 2,018	2,3 (!) 2,300	0,563 56,57	215,25 (209,0)	93,19 +6,81	55,9	+5,9 +5,0	119,6

42.4 A u f t r a g e n d e r G e l ä n d e p u n k t e. Nachdem die nach Koordinaten bestimmten Tachymeterstandpunkte in einem mit einem Quadratnetz versehenen Plan aufgetragen sind, werden die Nebenzüge mit Transporteur und Maßstab auf Pauspapier gezeichnet und unter graphischer Verteilung der Abschlußdifferenzen zwischen den Anschlußpunkten eingepaßt und durchgestochen. Von den so gewonnenen Standpunktbildern aus werden die Rich-

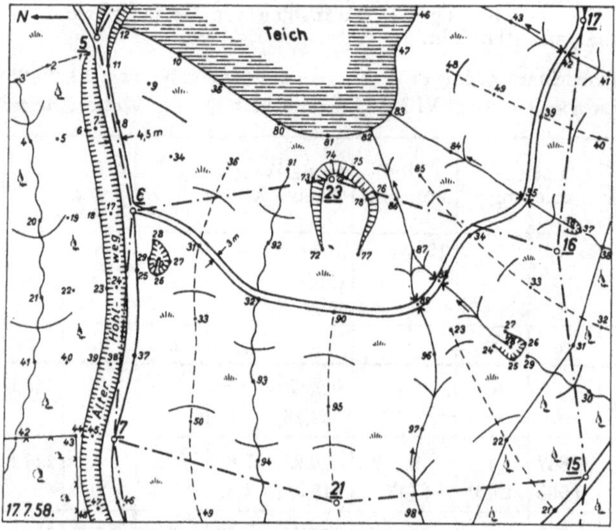

Bild 57. Feldhandriß.

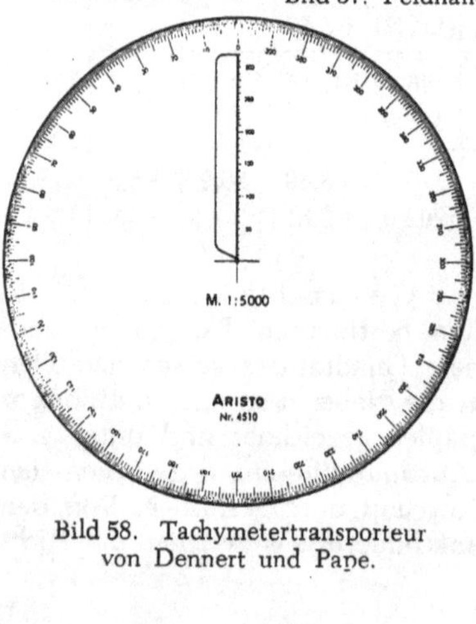

Bild 58. Tachymetertransporteur von Dennert und Pape.

tungen und Entfernungen nach den Geländepunkten abgesetzt; ferner wird neben jedem Punkt seine auf dm abgerundete NN-Höhe vermerkt.

Für das Auftragen der Richtungen und Entfernungen gibt es zahlreiche Kleingeräte, die einen Winkeltransporteur mit einem Maßstab vereinigen. Als Beispiele seien der *Tachymetertransporteur* und der *Polarkartierer* der Firma Dennert und Pape genannt.

Nach dem Kartieren der Einzelpunkte wird der Grundriß zunächst in Bleistift gezeichnet; gleichzeitig werden unter sorgfältiger Beachtung des Feldhandrisses die Höhenlinien nach der in 41 gegebenen Anleitung entworfen. Schließlich wird im Anhalt an Band I 33 eine Reinzeichnung hergestellt.

43 Die topographischen Aufnahmeverfahren

Der Zweck einer tachymetrischen Geländeaufnahme ist in der Regel die Herstellung einer Unterlage für ein Ingenieurbauwerk, nach der die günstigste Lage des Bauwerks ermittelt und ein Überblick über die Erdbewegungen gewonnen werden kann. Demgegenüber soll eine topographische Aufnahme eine lebendige Darstellung eines Teils der physikalischen Erdoberfläche vermitteln. Der Unterschied beider Aufnahmearten spricht sich schon im Maßstab aus. Die obere Grenze eines tachymetrischen Plans liegt im allgemeinen bei 1 : 2500, während als untere Grenze der topographischen Karten der Maßstab 1 : 5000 gilt. Die Eigenart der Aufgaben bringt es ferner mit sich, daß man bei der tachymetrischen Aufnahme hauptsächlich an das — eine bestimmte Aufnahmegenauigkeit garantierende — technische Verfahren denkt; dagegen steht bei der topographischen Aufnahme die richtige Erfassung des Geländes im Vordergrund.

Der Topograph hat sich daher zunächst mit dem Gelände zu beschäftigen. Er muß wissen, wie die Oberflächenformen entstanden sind, und dazu muß er die formenbildenden (morphologischen) Kräfte kennen, also auf der einen Seite die aus dem Erdinnern herauswirkenden (endogenen) Kräfte, denen die Oberflächengestaltung im Großen zuzuschreiben ist, und auf der anderen Seite die abtragenden Kräfte, die bestrebt sind, alle schroffen

Übergänge auszugleichen, nämlich das Wasser, das Eis und den Wind. Er muß auch mit den Kleinformen und ihren Entstehungsursachen vertraut sein, also mit den Dellen, Nischen und Trichtern, den Dolinen, Terrassenansätzen, Moränenresten und Schuttkegeln, den kleinen Gefällsbrüchen und Böschungsänderungen, schließlich mit dem Wasserhorizont und seinen Quellen und sonstigen Wasseraustritten. Alle diese Erscheinungen muß der Topograph aber auch im Gelände erkennen können, und er muß wissen, wie sie im Höhenlinienbild aussehen.

Die Technik der topographischen Aufnahme ist von der der tachymetrischen Aufnahme rein äußerlich insofern unterschieden, als der kleinere Maßstab größere Punktabstände bedingt. Der Sache nach kommt es vor allem darauf an, daß die aufzunehmenden Punkte das Gelände an den charakteristischen Stellen erfassen.

Als Aufnahmegerät stehen neben den verschiedenen Kreistachymetern die Bussole und der Meßtisch zur Verfügung. Bei der Aufnahme mit einem Kreistachymeter wird abgesehen davon, daß man Geländepunkte aufnimmt, die bis zu mehreren 100 m vom Stand entfernt sind (Halbdezimeterlatte), nicht anders verfahren als bei tachymetrischen Aufnahmen. Kartiert wird jedoch zweckmäßig nicht erst nach Beendigung der örtlichen Arbeiten, sondern bereits während der Aufnahme an Ort und Stelle. Man gebraucht dazu eine Hilfskraft, die die Ablesungen am Instrument macht, sie niederschreibt und erforderlichenfalls die horizontale Entfernung und den Höhenunterschied berechnet. Der leitende Ingenieur gibt an, welche Punkte aufzumessen sind; er zeichnet sie maßstäblich in einen auf einem Zeichenbrett gespannten Zeichenkarton ein und entwirft danach die Höhenlinien im Anblick des Geländes. Erfahrungsgemäß werden bei diesem in Bayern entwickelten Verfahren weniger, aber zweckmäßigere Punkte aufgenommen und manche Einzelheiten erfaßt, die bei der reinen Zahlenaufnahme leicht übersehen werden.

44 Geländeaufnahme mit dem Bussolentachymeter

Die Geländeaufnahme mit einem Bussolentachymeter [35.1] gehört wie die mit einem Kreistachymeter zu den numerischen Verfahren; dabei werden die Instrumentenstandpunkte, von denen aus die Geländepunkte aufgenommen werden, durch Bussolenzüge bestimmt. Um diese in ein geodätisches Koordinatensystem einzupassen, müssen die Beziehungen zwischen dem magnetischen und den geodätischen Systemen erörtert werden.

44.1 Deklination und Nadelabweichung. Da der magnetische Nordpol nicht mit dem geographischen Nordpol zusammenfällt, zeigt die Magnetnadel nicht genau nach Norden, sondern in die Richtung des magnetischen Meridians, die in der geodätischen Praxis kurz als *Magnetisch Nord* bezeichnet wird. Zwischen den Richtungen nach Magnetisch Nord, Geographisch Nord und der nach *Gitter Nord* weisenden Parallelen zum Hauptmeridian des für den Beobachtungspunkt maßgeblichen geodätischen Koordinatensystems [Bd. II 48] bestehen folgende Beziehungen (Bild 59):

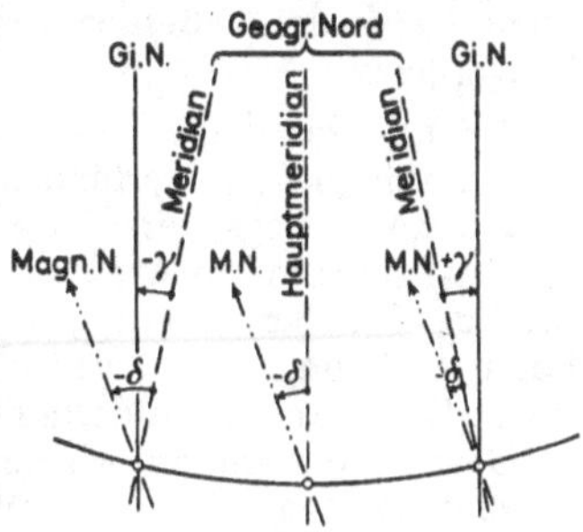

Bild 59.

a) Der Winkel δ, den die Richtungen nach Magnetisch Nord und nach Geographisch Nord miteinander bilden, heißt die *Deklination*. δ wird von der Richtung nach Geographisch Nord an rechtsläufig gezählt. Liegt das Nordende der Nadel ostwärts der geographischen Nordrichtung, so hat man östliche oder positive Deklination, im entgegengesetzten Falle westliche oder negative Deklination.

b) Der Winkel γ, der im Beobachtungspunkt von den Richtungen nach Geographisch Nord und Gitter Nord gebildet wird, heißt die *Meridiankonvergenz*. Auch sie wird vom Meridian an im Uhrzeigersinne gezählt, so daß γ ostwärts der Abszissenachse positiv, westwärts negativ ist. Genähert ist $\gamma = l \sin \varphi$, wobei l der Längenunterschied des Ortsmeridians gegenüber dem Hauptmeridian und φ die geogr. Breite ist.

c) Der Winkel zwischen den Richtungen nach Magnetisch Nord und Gitter Nord heißt die *Nadelabweichung*. Sie ist die Differenz von Deklination und Meridiankonvergenz. Da die Deklination in Deutschland durchweg westlich, also negativ ist, ist die Nadelabweichung in den deutschen Koordinatensystemen absolut betrachtet ostwärts des Hauptmeridians gleich der Summe, westlich des Hauptmeridians gleich der Differenz von Deklination und Meridiankonvergenz.

Die Kurven, die die Orte gleicher magnetischer Deklination miteinander verbinden, heißen *Isogonen*. Sie verlaufen keineswegs geradlinig zum magnetischen Nordpol, sondern sie sind durch regionale oder lokale Einflüsse vielfach gestört. Sie unterliegen ferner fortschreitenden säkularen Änderungen und periodischen täglichen Schwankungen. Die säkulare Änderung vermindert die Deklination in Deutschland um jährlich rund 0,15°. Die tägliche Periode beträgt im Winter rund 4′, an heißen Sommertagen 8′ bis 10′, wobei das Minimum in den Morgenstunden, das Maximum in den Mittagsstunden liegt. Für Deutschland gibt das Erdmagnetische Observatorium in Fürstenfeldbruck eine Isogonenkarte und eine Karte gleicher Nadelabweichungen heraus, beide im Maßstab 1 : 300 000. Ferner befinden sich am Rande der meisten amtlichen deutschen Karten Nebenzeichnungen, die für eine bestimmte Epoche die Linien gleicher Nadelabweichung enthalten.

44.2 Bestimmen der Mißweisung der Sicht. Die Angaben der Isogonen- und Nadelabweichungskarten sind für die meisten geodätischen Arbeiten nicht genau genug. Bei Bussolenaufnahmen pflegt man daher morgens, mittags und abends auf einem koordinierten Punkt P_1 den magnetischen Richtungswinkel α_m nach einem gleichfalls koordinierten Punkt P_2 mit dem bei der Aufnahme benutzten Bussoleninstrument zu messen und den entsprechenden geodätischen Richtungswinkel α_g aus Koordinaten zu rechnen [Band II 32.3]. Die Differenz $\alpha_m - \alpha_g$, die außer der Deklination und der Meridiankonvergenz noch den Zielachsenfehler des Instruments enthält, heißt im geodätischen Sprachgebrauch die Mißweisung der Sicht*). Subtrahiert man diese unter zeitlicher Verteilung der im Laufe des Tages aufgetretenen Schwankungen von den beobachteten Bussoleneinrichtungen α_m, so gewinnt man geodätische Richtungswinkel, die eine ausreichende Grundlage für die Berechnung der Bussolenzüge bilden.

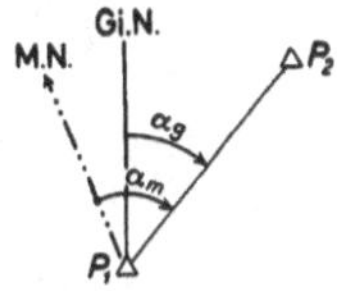

Bild 60.

44.3 Messung und Berechnung der Bussolenzüge. Der Bussolenzug ist ein kurzseitiger Tachymeterzug, bei dem auf den Instrumentenstandpunkten an Stelle der Brechungswinkel die Bussolenrichtungen, d. h. die magnetischen Richtungswinkel der Zugseiten beobachtet werden. Dabei arbeitet man mit sogenannten Sprungständen, d. h. man stellt das Bussolentachymeter nur auf jedem zweiten Punkt auf und beobachtet von dort die Bussolenrichtungen und die Zenitdistanzen nach dem vorhergehenden und nach dem folgenden Punkt. Dadurch ergibt sich, wenn auf den Anschlußpunkten am Anfang und am Ende des Zuges Bestimmungen der Mißweisung gemacht werden, das Grundrißschema Bild 61, in dem auf den Punkten mit ungerader Nummer das Instrument steht, während auf denen mit gerader Nummer ein Fluchtstab bzw. eine Distanzlatte aufzuhalten ist.

Die Seiten und die Zenitdistanzen werden nur einmal gemessen. Wünscht man eine Probe, so benutzt man, wie

*) Das Vorzeichen der Mißweisung der Sicht ist dem der Nadelabweichung entgegengesetzt; in der Nautik wird unter Mißweisung die Deklination verstanden.

in Bild 61 punktiert angedeutet ist, doppelte Wechselpunkte.

Wie bei den Tachymeterzügen pflegt man die Lagekoordinaten der hauptsächlichsten Bussolenzüge durch Rechnung zu ermitteln, während die nachgeordneten Züge

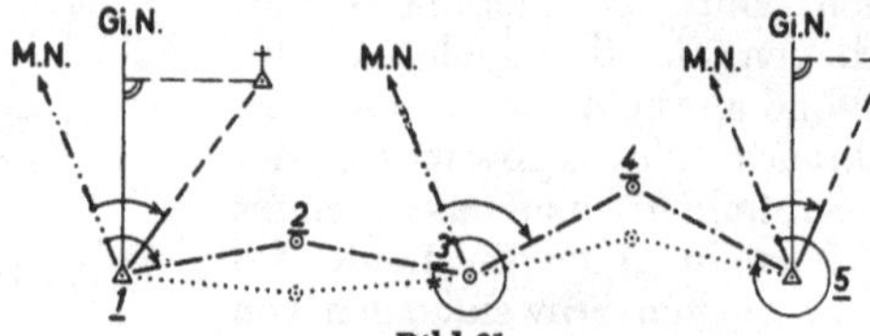

Bild 61.

auf Pauspapier aufgetragen und graphisch eingepaßt werden. Bei der Berechnung der Züge bringt man an den Bussolenrichtungen (bei rückwärtigen Visuren $\pm$ 200^g) die Mißweisung an und rechnet den Zug wie einen Polygonzug durch, wobei der Winkelabschlußfehler zu gleichen Teilen und die Koordinatenabschlußfehler proportional den Seitenlängen verteilt werden. Die Höhen werden ebenso berechnet wie bei den Tachymeterzügen.

Man verwendet die Bussolenzüge gerne in unübersichtlichen Gebieten, vor allem in Wäldern mit dichtem Unterholz. Die Geländepunkte werden von den Standpunkten aus nach demselben Verfahren wie mit dem Kreistachymeter aufgenommen.

44.4 G e n a u i g k e i t d e r B u s s o l e n z ü g e. Die verhältnismäßig geringe Genauigkeit der Bussolenrichtungen wird zum großen Teil durch eine günstige Fehlerfortpflanzung wettgemacht. Einerseits gibt es beim Verfahren der Sprungstände keine Zentrierungsfehler. Zum anderen verschwenken die Richtungsfehler nicht wie beim Polygonzug den ganzen nachfolgenden Zugteil, sondern nur die betreffende Seite, so daß sie sich nach dem Wurzelgesetz [Band I 14.4 Gl. (13)] aufsummieren. Da ferner ein Richtungsfehler die Lage eines polarangehängten Punktes um so weniger beeinflußt, je kürzer die Seite ist, wirken die kurzen Seiten (ca. 50 m) sich ebenfalls günstig auf die Fehlerfortpflanzung aus. Wenn schließlich der Beobachter sein Instrumentarium sorgfältig behandelt und die Nähe von ablenkenden eisernen Zäunen, Schienenwegen und Hochspannungsleitungen vermeidet, so kann er damit rechnen, daß die Abschlußfehler nur wenig größer sind als bei den Tachymeterzügen [42.2]*).

45 Geländeaufnahmen mit Meßtisch und Kippregel

45.1 Zentrieren und Orientieren des Meßtisches. Auf jedem Standpunkt muß der Meßtisch zentriert, horizontiert und orientiert werden. Es seien A und B zwei Festpunkte, und es seien a und b ihre Bilder auf der Meßtischplatte. Zentrieren in A bedeutet, daß der Kartenpunkt a lotrecht über dem Geländepunkt A liegen muß. Dazu bestimmt man auf dem Meßtisch zunächst die Koordinaten x und y des Mittelpunktes c der Meßtischplatte in Beziehung auf die Bildgerade $a — b$ und setzt x und y im Gelände von A aus in der Richtung nach B ab. Man bekommt so den Geländepunkt C, über dem der Meßtischmittelpunkt c wie üblich mit dem Schnurlot zu zentrieren ist. Auf dem so gewonnenen Standpunkt wird die Meßtischplatte mit Hilfe der beigegebenen Libellen sauber horizontiert. Dann legt man die Kippregelkante an die Punkte a und b an und dreht die Platte so lange, bis im Fadenkreuz der Punkt B erscheint. Die Zentrierung prüft man mit der Lotgabel nach. Zur Verbesserung der Orientierung visiere man mit der Kippregel über a und andere auf dem Meß-

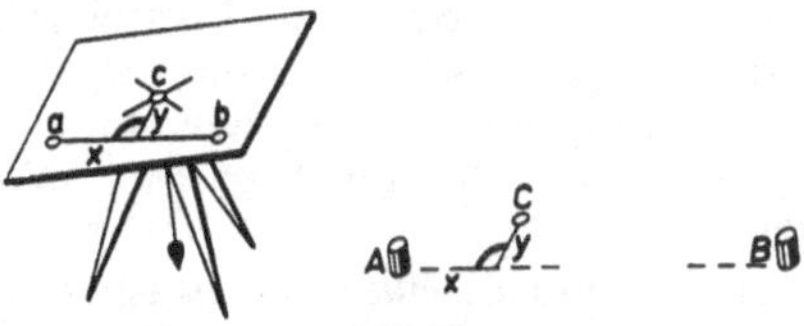

Bild 62.

*) Idler, R., Genauigkeit von Paßpunktbestimmungen mittels Bussolentachymeter. Zeitschr. f. Verm.wesen 1943 S. 262 ff.; Schäfer, H., Die topographische Geländeaufnahme mittels Bussolentachymetrie. Nachr.' a. d. Reichsverm.Dienst 1943 S. 106.

tisch gegebene Bildpunkte die zugehörigen Festpunkte an und gleiche die Differenzen aus. Schließlich ermittelt man, um die Orientierung auf dem nächsten Stand zu erleichtern, mit Hilfe der Orientierbussole die magnetische Nordrichtung, reißt sie an und schreibt die Uhrzeit daneben.

Die *NN*-Höhe der Kippachse bestimmt man, wenn die *NN*-Höhe des Bodenpunktes bekannt ist, durch Heraufmessen; andernfalls muß sie nach dem in 42.2 beschriebenen Verfahren von benachbarten Punkten mit bekannter Höhe hergeleitet werden.

45.2 Bestimmen von Aufnahmestandpunkten. Für die Meßtischaufnahme gebraucht man wie bei der Kreistachymetrie zunächst einen nach Lage und Höhe bestimmten Festpunktrahmen. In diesen Rahmen werden die wichtigsten Instrumentenstandpunkte durch graphisches Einschneiden mit Überbestimmung eingeschaltet. Nachgeordnete Standpunkte können durch einfaches Einschneiden oder durch polares Anhängen bestimmt werden.

Beim *Vorwärtseinschneiden* eines Neupunktes *P* (Bild 63) müssen mindestens zwei Festpunkte *A* und *B* im

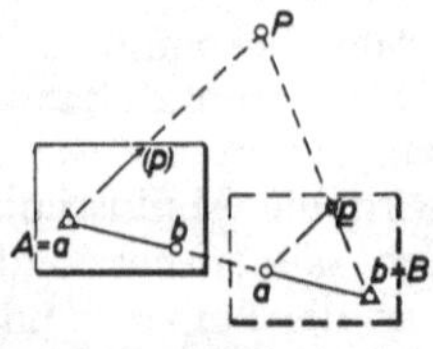

Bild 63.

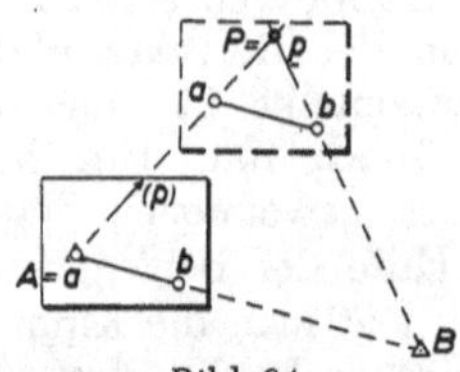

Bild 64.

Gelände und ihre Bilder *a* und *b* auf dem Meßtisch gegeben sein. Zunächst zentriert man den Meßtisch in *A* und orientiert ihn nach *B*. Dann richtet man bei feststehendem Meßtisch die Kippregel, die immer am Bildpunkt *a* anliegen muß, auf *P* und reißt die Richtung an. In *B* orientiert man den Tisch nach *A* und zeichnet die

Richtung nach P ein. Der Punkt, in dem die Richtungsgeraden einander schneiden, ist p. Zur Probe führt man das Verfahren auf mindestens noch einem dritten Festpunkt durch. Entsteht dabei eine fehlerzeigende Figur, so ist deren Schwerpunkt die endgültige Punktlage p. Sind die Meßtischstandpunkte — z. B. A und B — nicht gegenseitig sichtbar, so kann der Meßtisch auch nach anderen Punkten orientiert werden, die in der Örtlichkeit zu sehen und auf dem Meßtisch eingetragen sind.

Zum *Seitwärtseinschneiden* von P (Bild 64) stellt man den Tisch in A auf, orientiert ihn nach B und zieht die Richtungsgeraden nach dem Neupunkt P. Dann bringt man den Tisch nach P, zentriert ihn so, daß ein auf der Papierrichtung a—p gewählter Näherungspunkt p' sich über dem Bodenpunkt P befindet, und orientiert den Tisch nach A. Wird nun die Kippregel um b so lange gedreht, bis B im Fadenkreuz erscheint, so erhält man im Schnitt der beiden Richtungen den gesuchten Neupunkt p.

Zum *Rückwärtseinschneiden* müssen mindestens drei Festpunkte, die möglichst die in Band II Bild 84 angedeutete Lage haben sollen, im Gelände und auf dem Meßtisch gegeben sein. Man befestigt auf der Tischplatte ein Blatt Pauspapier und zieht von einem in der Mitte des Papiers beliebig gewählten Punkt die Richtungslinien nach den Festpunkten (Bild 65). Dann löst man das Pauspapier und verschiebt es auf der Meßtischplatte derart, daß jeder der drei Strahlen durch den ihm entsprechenden Punkt der Zeichnung geht. Diesen Punkt sticht man durch und erhält damit die gesuchte Punktlage auf dem Meßtisch. Zur Probe und zur Sicherung gegen Punktverwechslungen nehme man noch einen vierten Festpunkt hinzu und gleiche kleinere Differenzen nach Augenmaß aus.

Etwas eleganter ist das *Verfahren der fehlerzeigenden Dreiecke*. Man orientiert den Tisch dabei vorläufig mit der Bussole, zieht dann auf dem Meßtisch die Richtungen $A-a$, $M-m$ und $B-b$ (Bild 65) und bringt sie zum Schnitt. War die Orientierung ungenau, so entsteht das

Fehlerdreieck $l\,m\,n$ (Bild 66). Jetzt wird der Tisch so gedreht, daß bei Wiederholung der Messung das umgeschlagene Fehlerdreieck $l'\,m'\,n'$ erhalten wird. Der Schnitt der Verbindungslinien ll', mm' und nn' stellt die endgültige Punktlage p dar.

Zum *polaren Anhängen* eines Neupunktes P an einen Festpunkt A reißt man auf dem in A orientierten Meß-

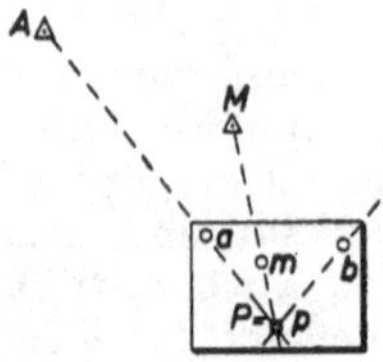

Bild 65.

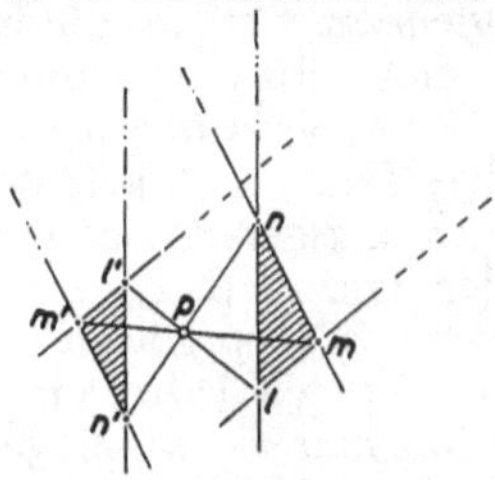

Bild 66.

tisch die Richtung nach P an und setzt auf ihr die mit dem Distanzmesser ermittelte horizontale Entfernung AP maßstäblich ab. Will man sich anhängen, wenn der Meßtisch im Neupunkt selbst steht, so muß man auf einem kurz vorher besuchten Festpunkt mit der Orientierbussole die magnetische Nordrichtung angerissen haben und den Meßtisch auf P mit deren Hilfe orientieren. Alsdann bringt man die Kippregel in die Richtung $a - A$, reißt diese an und setzt auf ihr die Entfernung AP ab.

Der *Höhenunterschied* von Festpunkt zu Neupunkt wird mit Hilfe der Zenitdistanz und der erforderlichenfalls auf dem Meßtisch abzugreifenden Entfernung berechnet. Unübersichtliches Gelände ist mit dem Meßtisch schlecht zu erfassen. Solche Flächen werden ausgespart und mit Hilfe von Bussolenzügen aufgeschlossen.

45.3 B e s t i m m e n d e r G e l ä n d e p u n k t e. Die Geländepunkte werden nach den in 41 erläuterten Grundsätzen ausgewählt. Von einem Standpunkt aus können die Punkte beim Maßstab 1 : 5000 in flachen Gebieten in einem

Umkreis bis zu 250 m, in geneigtem Gelände bis etwa 150 m aufgenommen werden; beim Maßstab 1 : 1000 beschränkt man sich auf 150 bzw. 100 m. Vor dem Beginn der Messung geht der Beobachter das Gebiet ab und weist die Meßgehilfen ein. Dann tritt er an den Meßtisch, schickt Meßgehilfe und Latte zum 1. Geländepunkt, stellt die Latte mit der Kippregel ein, ermittelt die Entfernung und den Höhenunterschied auf demselben Wege wie mit einem Kreistachymeter und berechnet die *NN*-Höhe des Geländepunktes. Schließlich setzt er die Horizontalentfernung an der Linealkante ab, sticht den Punkt ein und schreibt die *NN*-Höhe mit Bleistift daneben. Der Meßgehilfe kennzeichnet derweil den beobachteten Punkt durch ein Papierfähnchen, einen Zweig oder dergleichen und begibt sich zum nächsten Punkt, wo der Vorgang von neuem beginnt.

Nachdem alle Punkte aufgenommen sind, entwirft der Beobachter die Höhenlinien zunächst mit denselben Mitteln wie bei der Zahlentachymetrie [42.4]. Dann schraubt er den Meßtisch auf ein Stockstativ, geht damit von Geländepunkt zu Geländepunkt und ergänzt die Aufnahme zeichnerisch teils nach Augenmaß, teils mit Hilfe von Schrittmaß und Taschengefällmesser (Krokieren). Im Quartier überzieht er die Eintragungen mit Tusche und trägt die Bodenbedeckung und die erforderlichen Namen ein. So entsteht das vollständige Kartenbild bereits während der Feldarbeitszeit.

45.4 Vor- und Nachteile der Meßtischaufnahme. Die Meßtischaufnahme beansprucht mehr Feldarbeitszeit als die Zahlentachymetrie. Das Auge des Meßtischtopographen wird jedoch durch den ständigen Vergleich von Örtlichkeit und Karte so geschult, daß er das Höhenlinienbild nach einiger Übung bereits ohne Messung vor sich sieht und die aufzunehmenden Geländepunkte lediglich als Stützen betrachtet, die seinem Höhenlinienbild einen festen Maßstab geben. Er braucht infolgedessen weniger Punkte aufzumessen als bei der Zahlentachymetrie und macht dadurch den Zeitverlust, den das Zeichen der Höhenlinien während der Feldarbeit zur Folge hat, zum Teil wieder wett. Nicht auszugleichen ist jedoch die Starrheit, die die Bindung an einem festen Maßstab mit sich bringt.

Die Vor- und Nachteile von Zahlentachymetrie und Meßtischaufnahme sind oft diskutiert. Im allgemeinen pflegt ein Beobachter, der gerne mißt und rechnet, die Zahlentachymetrie vorzuziehen, während ein mit Zeichentalent und offenen Augen begabter Aufnehmer lieber zum Meßtisch greift. Das in 43 am Schluß geschilderte bayerische Verfahren sucht die Vorzüge beider Verfahren miteinander zu vereinigen.

46 Die Genauigkeit der Geländeaufnahme

Am Ende einer tachymetrischen oder topographischen Aufnahme steht die Karte. Da die Kartiergenauigkeit auch in großen Maßstäben nicht größer ist als die Aufnahmegenauigkeit, kann als Maßstab für die Grundrißdarstellung die Kartiergenauigkeit gelten, die mit ± 0,2 mm für den gestochenen Punkt anzusetzen ist. Für die zwischen den Punkten liegenden Flächen mag etwa der doppelte Satz gelten. Das sind beim Maßstab 1 : 1000 ± 0,2 bzw. 0,4 m in der Natur; beim Maßstab 1 : 5000 sind es 1,0 bzw. 2,0 m.

In die Genauigkeit der Höhenlinien geht außer der Ungenauigkeit bei der Aufnahme der Geländepunkte die Unsicherheit beim Entwerfen der Höhenlinien ein. Zur Abschätzung des mittleren Höhenfehlers einer Höhenlinie benutzt man die empirisch entstandene Koppesche Formel. Nach Koppe ist, wenn a und b zwei vom Maßstab der Karte abhängige Konstanten sind und α den Neigungswinkel des Geländes bedeutet, der mittlere Höhenfehler eines beliebigen auf einer Höhenlinie liegenden Punktes

$$m_h = \pm (a + b \tan \alpha) . \qquad (1)$$

Der mittlere Höhenfehler wächst also etwa proportional zur Geländeneigung. Man kann den Höhenfehler auch als Lagefehler auffassen. Dazu multipliziert man m_h mit $\cot \alpha$ und erhält dann als mittleren Lagefehler eines Höhenlinienpunktes

$$m_l = \pm (b + a \cot \alpha) . \qquad (2)$$

Bei der Deutschen Grundkarte 1 : 5000 sollen nach den Vereinbarungen der deutschen Vermessungsverwaltungen bei der Berechnung von m_h bzw. in m_l keine größeren Werte auftreten, als sie aus der Koppeschen Formel mit $a = 0{,}4$ und $b = 5$ erhalten werden. Diese nebenstehend im Auszug mitgeteilten Beträge lassen sich, wie die Erfahrung gezeigt hat, leicht innehalten. Für größere Maßstäbe liegen entsprechende Festsetzungen nicht vor; doch wird man für den Maßstab 1 : 1000, eine entsprechend engere Aufnahme vorausgesetzt, die Koeffizienten a und b unbedenklich in halber Größe ansetzen dürfen.

α	m_h	m_l
g	m	m
0	0,4	—
1	0,5	30
2	0,6	18
5	0,8	10
10	1,2	7,5
20	2,0	6,2
50	5,4	5,4

Die geometrische Genauigkeit allein ist allerdings noch kein endgültiges Kriterium für die Güte eines Höhenlinienplanes, denn sie besagt nichts über die morphogische Richtigkeit, also vor allem nichts über die Richtung, die Krümmung und den gegenseitigen Abstand der Höhenlinien. Die daraus folgende Unsicherheit dürfte jedoch angesichts der Tatsache, daß die Koeffizienten der Koppeschen Formel sehr vorsichtig gewählt sind, im wesentlichen in den Angaben der obigen Tabelle enthalten sein.

Selbstverständlich läßt sich die Genauigkeit jederzeit höher treiben. Das bedingt jedoch Aufnahmekosten, die viel schneller ansteigen als die Genauigkeit. Dieser Zusammenhang wird von dem Auftraggeber, der oftmals ohne viel Überlegung „höchste Genauigkeit" verlangt, meistens übersehen. Es kommt also darauf an, einen Mittelweg zwischen Genauigkeit und Wirtschaftlichkeit zu finden.

5 Absteckungen

51 Allgemeine Trassierungsgrundsätze

Die Vorarbeiten für Ingenieurbauten, besonders für Landstraßen, Wasserstraßen und Eisenbahnen unterteilt man gewöhnlich in Voruntersuchungen, allgemeine oder generelle und ausführliche oder spezielle Vorarbeiten. Die Voruntersuchungen sind größtenteils wirtschaftlicher Art; zu den generellen Vorarbeiten gehört u. a. das Ermitteln der günstigsten Trasse und zu den speziellen Vorarbeiten das Übertragen der in Karten und Plänen ermittelten Linienführung in die Örtlichkeit.

Die Trassen wählt man so, daß man mit möglichst geringer Steigung auskommt. Eine Linie bestimmter Steigung wird manchmal mit Hilfe eines Freihandhöhenmessers im Gelände aufgesucht, meistens aber an Hand eines Höhenlinienplans (Bild 67) folgendermaßen ermittelt: Es sei Δh der senkrechte Abstand zweier benachbarter Höhenlinien, und es sei eine Trasse mit p ‰ Steigung zu projektieren. Dem Höhenunterschied Δh entspricht, wenn die Trasse 1 ‰ Steigung erhalten soll, eine horizontale Strecke $s_0 = 1000\,\Delta h$; also ist bei p ‰ Steigung $s_0 = 1000\,\Delta h/p$. (Ist die Steigung anstatt in Promille durch den Steigungswinkel α gegeben, so ist $s_0 = \Delta h \cot \alpha$.) Die Strecke s_0 nimmt man im Maßstab des Planes in den Zirkel und trägt sie, beginnend im Anfangspunkt der Trasse, von Höhenlinie zu Höhenlinie ab. Ausgehend von dieser Nullinie wird der Entwurf in Lage- und Höhenplan ausgearbeitet.

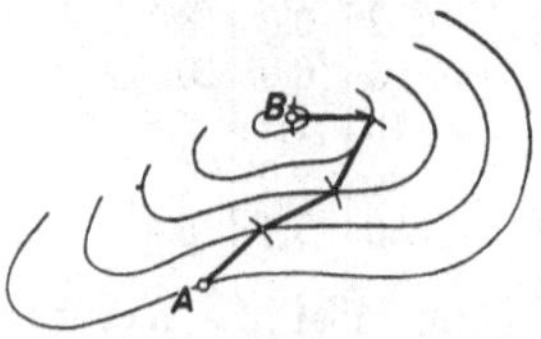

Bild 67.

Nachdem die Trasse festgelegt ist, muß sie in die Örtlichkeit übertragen werden. Ist beim Entwurf von älteren Unterlagen, z. B. Flurkarten, ausgegangen worden, so müssen genügend viele — unzweifelhaft identische — Punkte im Plan und in der Örtlichkeit vorhanden sein, von denen aus die Geraden und die Bogenpunkte abgesetzt werden können.

Muß eine Neuvermessung vorgenommen werden, so lege man das Messungsliniennetz so an, daß die Aufnahmelinien auch der Absteckung zugrunde gelegt werden können. Die Festpunkte vermarke man sehr sorgfältig und sichere sie gegen Zerstörungen durch die Bauarbeiten.

Bei der Absteckung besteht insofern ein grundlegender Unterschied gegenüber den bisher geschilderten Vermessungsarbeiten, als ein Punkt, eine Linie oder ein Höhenunterschied dabei nur durch eine einmalige Messung abgesteckt wird, ohne daß die Instrumentalfehler kompensiert werden, wie es sonst z. B. durch Messen in beiden Fernrohrlagen geschieht. Die Absteckung muß daher, wenn scharfe Ergebnisse verlangt werden, durch die bei einer Aufmessung üblichen Verfahren überprüft und gegebenenfalls verbessert werden [52.5].

52 Einfache Absteckungen mit dem Theodolit

52.1 Durchfluchten einer Geraden (Bild 68). Man zentriert den Theodolit über einem Endpunkt, zielt bei streng lotrechter Stehachse den anderen Endpunkt an und weist die Zwischenpunkte ein. Liegen die einzuweisenden Punkte in verschiedenen Höhen, so daß das Fernrohr gekippt werden muß, wiederholt man das Einweisen in der zweiten Fernrohrlage und hält das Mittel aus beiden Lagen an.

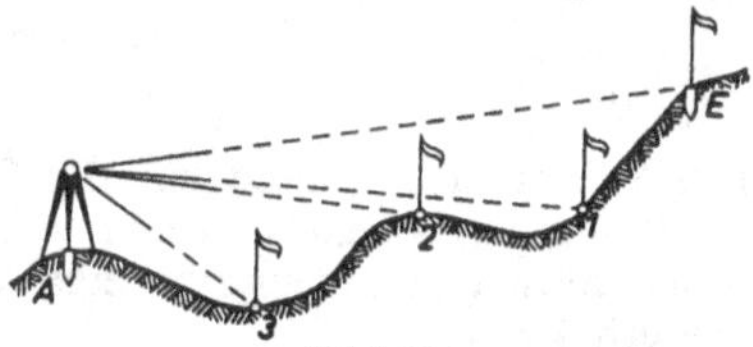

Bild 68.

52.2 Verlängerung einer Geraden (Bild 69). Man stellt den Theodolit in B auf, zielt A an, schlägt

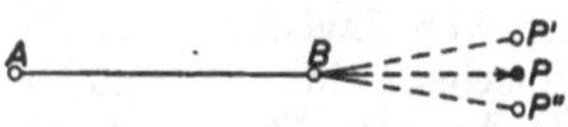

Bild 69.

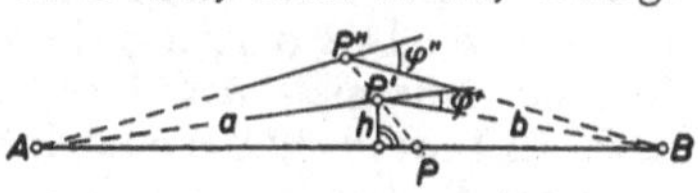

Bild 70.

durch und erhält P'; darauf führt man das Fernrohr zurück auf A, schlägt abermals durch und erhält P''. Dann ist der Punkt P in der Mitte der Strecke $P'P''$ ein Punkt der Geraden AB.

52.3 Zum Einschalten eines Zwischenpunktes in eine Gerade AB, deren Endpunkte unzugänglich sind (Bild 70), fluchtet man sich zunächst genähert ein und erhält dabei den Punkt P'. Dann mißt man mit dem Theodolit auf P' den Winkel $AP'B$, bildet $AP'B - 200^g = \varphi'$ und beschafft sich durch Abgreifen aus einem Plan oder durch Abschreiten Näherungswerte von a und b. Um den Abstand h des Punktes P' von der Geraden zu berechnen, setzt man die doppelte Fläche des Dreiecks $AP'B$ zweimal an, nämlich

$$2\,F = AB \cdot h \approx (a + b)\,h\,,$$

$$2\,F = a\,b \sin \varphi' \approx a\,b\,\frac{\varphi'}{\varrho}\,.$$

Dann folgt aus dem Vergleich der rechten Seiten

$$h = \frac{a\,b}{a + b} \cdot \frac{\varphi'}{\varrho}\,. \tag{1}$$

h setzt man in Richtung auf die Gerade zu ab und mißt zur Probe den Winkel auf dem abgesetzten Punkt. Ergibt er sich nicht genau genug zu 200^g, so ist das Verfahren zu wiederholen.

Falls a und b unbekannt sind, mißt man auf einem zweiten Näherungspunkt P'' den Winkel φ'' und bestimmt PP' aus dem Ansatz

$$PP' : P'P'' = \varphi' : (\varphi'' - \varphi')\,. \tag{2}$$

52.4 Das Abstecken einer Geraden von einem Polygonzug (Bild 71) wird notwendig, wenn Geländehindernisse das Einschalten von Zwischenpunkten nach 52.1 oder 52.3 unmöglich machen. Man verbindet dazu die Endpunkte der durchzufluchtenden Strecke durch den Polygonzug $ABCDE$ und bezieht die Koordinaten der Brechpunkte auf die Verlängerung der ersten Seite als Abszissenachse. Dann berechnet man,

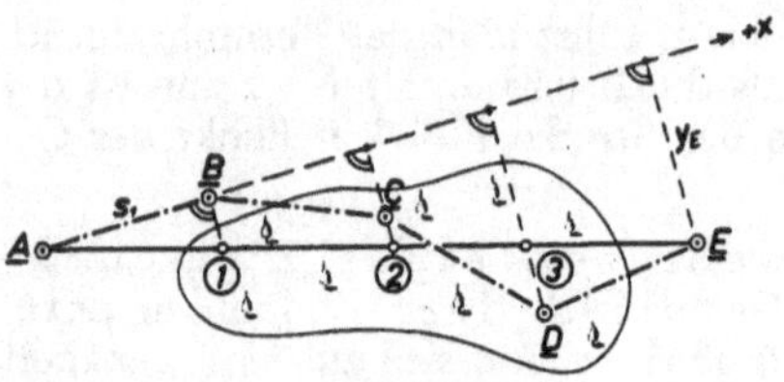

Bild 71.

wenn unter den $\alpha_{i,k}$ geodätische Richtungswinkel verstanden werden, die in B, C und D nach ①, ② und ③ abzusetzenden Stücke folgendermaßen:

$$\sphericalangle CB\textcircled{1} = \alpha_{B,1} - \alpha_{B,C}; \qquad \overline{B\textcircled{1}} = \frac{y_E}{x_E}\, x_B - y_B;$$

$$\sphericalangle DC\textcircled{2} = \alpha_{C,2} - \alpha_{C,D}; \qquad \overline{C\textcircled{2}} = \frac{y_E}{x_E}\, x_C - y_C;$$

$$\sphericalangle ED\textcircled{3} = \alpha_{D,3} - \alpha_{D,E}; \qquad \overline{D\textcircled{3}} = \frac{y_E}{x_E}\, x_D - y_D.$$

Hierbei sind im Falle des Bildes 71 $\alpha_{B,1}$ und $\alpha_{C,2} = 100^g$; dagegen ist $\alpha_{D,3}$, da $\overline{D\textcircled{3}}$ aus der Rechnung als negativ hervorgeht, gleich 300^g. Zur Kontrolle sind die Winkel auf den eingefluchteten Punkten zu beobachten, oder die Punkte sind von einem anderen Zug aus aufzumessen.

52.5 A b s e t z e n e i n e s W i n k e l s v o n b e l i e b i g e r G r ö ß e (Bild 72). Gegeben sind zwei Punkte A und B. Ein Punkt P soll so abgesteckt werden, daß $\sphericalangle ABP$ gleich einem gegebenen Winkel φ ist. Man stellt dazu den Theodolit in B auf und bestimmt durch Absetzen in einer Fernrohrlage zunächst einen Näherungspunkt P'. Dann mißt man den Winkel $ABP' = \varphi'$ mit der für die Absteckung erforderlichen Genauigkeit in beiden Fernrohrlagen und erhält, wenn $\varphi - \varphi' = \Delta\,\varphi$ und $BP = s$ ist, die Strecke v, um die P' zu verschieben ist, gemäß Band I 13 (1) aus $v = s\,\Delta\varphi/\varrho$.

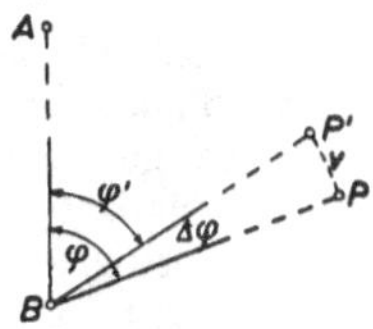

Bild 72.

53 Abstecken der Hauptpunkte eines Kreisbogens

Kreise werden nur in einzelnen Punkten abgesteckt. Dabei bestimmt man nach Formeln, die von Fall zu Fall

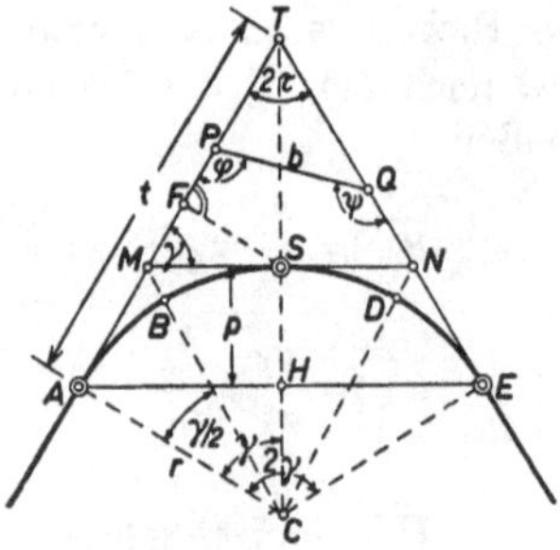

Bild 73.

verschieden sind, wenige Hauptpunkte und schaltet zwischen diesen Zwischen- oder Kleinpunkte nach einfacheren Verfahren ein.

53.1 **Abstecken symmetrischer Hauptpunkte** (Bild 73). Als Hauptpunkte gelten gewöhnlich der Bogenanfangspunkt A, sein Scheitelpunkt S und sein Endpunkt E, bei längeren Bögen auch noch die Halbierungspunkte B und D. Gem. Bild 73 bestehen folgende Beziehungen:

$$\gamma = 100^g - \tau\,, \qquad (1)$$

$$TA = TE = t = r \tan\gamma\,, \qquad (2)$$

$$TS = r\tan\gamma\,\tan\gamma/2\,, \qquad (3)$$

$$AM = MS = SN = NE = r\tan\gamma/2\,, \qquad (4)$$

$$AF = {}^1/_2\,AE = r\sin\gamma\,, \qquad (5)$$

$$FS = HS = p = r\,(1-\cos\gamma)\,, \qquad (6)$$

$$MB = ND = r\tan\gamma/2\,\tan\gamma/4\,. \qquad (7)$$

Rechenproben:

$$TS = TA\tan\gamma/2\,, \qquad (8)$$

$$(TS + r)\sin\gamma = t, \qquad (9)$$

$$TS + r\cos\gamma = r\,. \qquad (10)$$

Das Absteckungsverfahren richtet sich nach den gegebenen Stücken.

a) Sind gegeben die Richtungen der beiden Tangenten und der Radius r, so mißt man in T den Winkel 2τ, berechnet γ sowie die Strecken $TA = TE$ und trägt sie auf der Tangente ab. Um S festzulegen, rechnet man entweder TS und setzt TS auf der Halbierungslinie des Winkels 2τ von T aus ab, oder man rechnet AF und FS und steckt sie auf bzw. von der Tangente aus ab, oder man bestimmt M und N nach (4) und S als Mitte von MN. Dabei kann immer ein Verfahren zur Verprobung des anderen dienen. B und D findet man, indem man MB bzw. ND auf den Halbierungslinien der Winkel bei M und N abträgt.

b) Ist nicht r, sondern die Länge t der beiden Tangenten TA und TE gegeben, so hat man r nach (2) zu berechnen. Alles andere bleibt wie unter a).

c) Ist T unzugänglich, so fluchtet man eine Hilfsgerade PQ durch, mißt b, φ und ψ und berechnet 2τ, TP und TQ durch Auflösung des Dreiecks TPQ. Sind auch b, φ und ψ nicht meßbar, so müssen P und Q durch einen Polygonzug oder durch eine Dreieckskonstruktion miteinander verbunden werden.

d) Steht zur Messung von 2τ kein Theodolit zur Verfügung (Bild 74), so trägt man von T aus auf den Tangen-

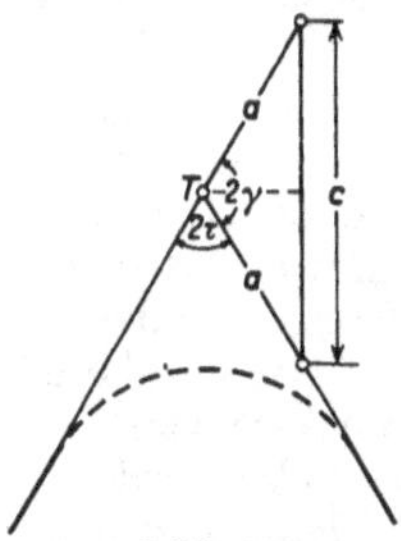

Bild 74.

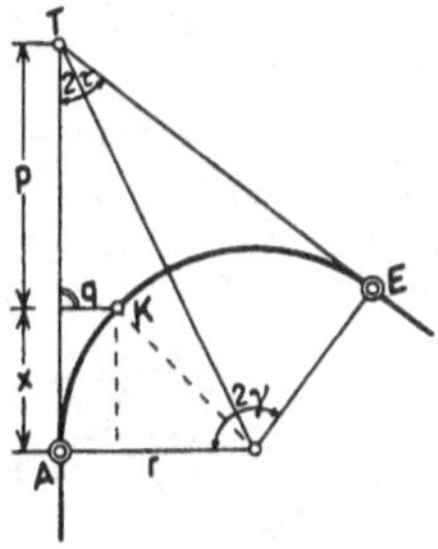

Bild 75.

ten gleich große Abschnitte a ab, mißt die Strecke C zwischen den Endpunkten von a und berechnet γ aus $\sin\gamma = c/2a$.

e) Soll ein Kreisbogen durch einen vorgegebenen Zwangspunkt K gehen (Bild 75), so hat man 2τ, p und q zu messen und TA, TE, r und γ zu berechnen. Dazu geht man aus von den an der Figur abzulesenden Gleichungen

$$x^2 = r^2 - (r-q)^2 \quad \text{und} \quad (x+p) = r\cot\tau\,.$$

Setzt man $z = q\tan\tau$, so findet man

$$x = z \pm \sqrt{z^2 + 2pz - q^2}\,, \tag{8}$$

$$TA = TE = x + p\,; \quad r = TA\tan\tau\,. \tag{9}$$

$$\text{Rechenprobe: } x^2 + q^2 = 2\,r\,q\,. \tag{10}$$

Das größere Vorzeichen in (8) liefert den Kreis mit dem größeren Halbmesser.

53.2 D a s A b s t e c k e n e i n e s S e h n e n p o l y g o n s (Bild 76) empfiehlt sich, wenn ein Kreisbogen in einem Einschnitt, in einem Tunnel oder im Walde abzustecken ist. Zuerst werden r, A und E nach 53.1 festgelegt. Wenn dann d die durchschnittliche Breite des Einschnitts ist, so ermittelt man aus der Formel $s^2 \approx 4/rd$ die längstmögliche Sehne s und berechnet überschlägig den der gewählten Sehnenlänge entsprechenden Zentriwinkel $\zeta = \varrho\, s/r$. Für die Weiterarbeit bestehen verschiedene Möglichkeiten:

a) Sollen die abzusteckenden Punkte ①, ②, ③ ... um gleiche Bogenlängen b voneinander abstehen, was im Hinblick auf die Stationierung vorteilhaft ist, so wählt man ein rundes b, das dem oben gefundenen ζ nahezu entspricht, und berechnet strenge Werte von ζ und s aus $\zeta = \varrho\, b/r$ und $s = 2\,r \sin \zeta/2$. Dann setzt man von A aus mit der Tangente als Abszissenachse unter Beachtung von 52.5 einen Polygonzug mit lauter Seiten von der Länge s ab, dessen erster Richtungswinkel TA① $= \zeta/2$ ist, während alle Brechungswinkel $(200^g + \zeta)$ betragen.

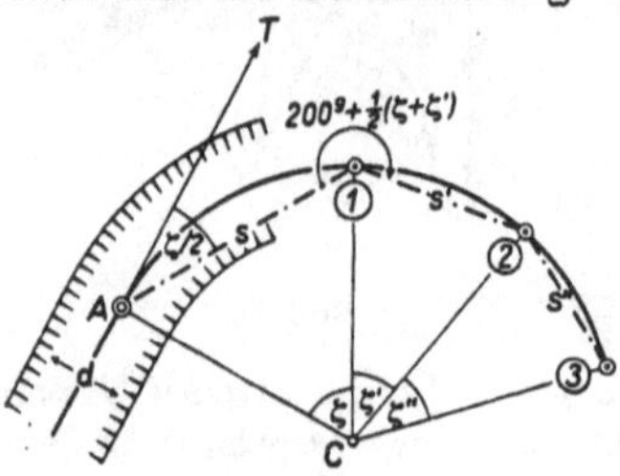

Bild 76.

b) Läßt die Örtlichkeit nur Schritte von unterschiedlicher Länge zu, geht man von den jeweils durchzubringenden Sehnen s, s', s'' ... aus und berechnet wie oben die zugehörigen ζ, ζ', ζ'' ... Die Brechungswinkel sind dann $200^g + {}^1/_2\,(\zeta + \zeta')$, $200^g + {}^1/_2\,(\zeta' + \zeta'')$ usw.

c) Zu noch schärferen Ergebnissen als in a) und b) kommt man, wenn man in die Nachbarschaft des — etwa durch eine Vorabsteckung genähert ermittelten — Bogenverlaufs einen Feinpolygonzug legt, den man mit Zwangszentrierung [Band II 15.2] mißt und auf mm durchrechnet. Man berechnet dann aus Koordinaten die Entfernungen e der Polygonpunkte vom Kreismittelpunkt, vergleicht sie mit dem Radius r und setzt die Differenzen $(e-r)$ in der Richtung der Radien ab.

Bei Tunnelabsteckungen macht man zweckmäßig zunächst eine Vorabsteckung nach a) oder b) und überprüft das Absteckungsergebnis mit dem Verfahren c).

54 Abstecken von Zwischenpunkten

54.1 Mit rechtwinkligen Koordinaten von der Tangente. Man benutzt einen der nach 53 abgesetzten Hauptpunkte als Anfangspunkt und die Tangente als Abszissenachse. Zweckmäßig nimmt man entweder runde Abszissen oder runde Kleinbögen.

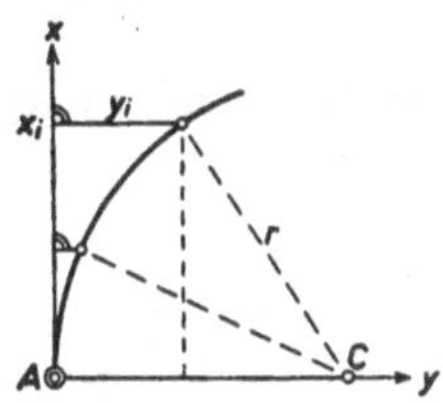

Bild 77.

Runde Abszissen (Bild 77) wählt man je nach dem Zweck der Absteckung, z. B. von 10 m zu 10 m, und berechnet die zugehörigen Ordinaten aus

$$y_i = r - \sqrt{r^2 - x_i^2} = r - \sqrt{(r + x_i)(r - x_i)} \tag{1}$$

$$\text{oder} \quad y_i = x_i \left\{ \frac{x_i}{2r} + \left(\frac{x_i}{2r}\right)^3 + \ldots \right\} \tag{2}$$

$$\text{oder} \quad y_i \approx \frac{x_i^2}{2r} + \frac{y_i^2}{2r}. \tag{3}$$

Die Rechnung ist sehr bequem; außerdem stehen zahlreiche Tafelwerke zur Verfügung.

Runde Kleinbögen (Bild 78) verlangen mehr Rechenarbeit; sie erleichtern aber die Stationierung. Ihre Länge b wird daher im Hinblick auf die Stationierung gewählt. Dem

Kleinbogen b entsprechen als Umfangswinkel und Sehne

$$w = \frac{b \cdot \varrho}{2r} \quad \text{und} \quad s = 2r \sin w\,. \tag{4}$$

Beachtet man, daß der Sehnentangentenwinkel und die Basiswinkel in den Dreiecken A-1-2 und 1-2-3 ebenfalls

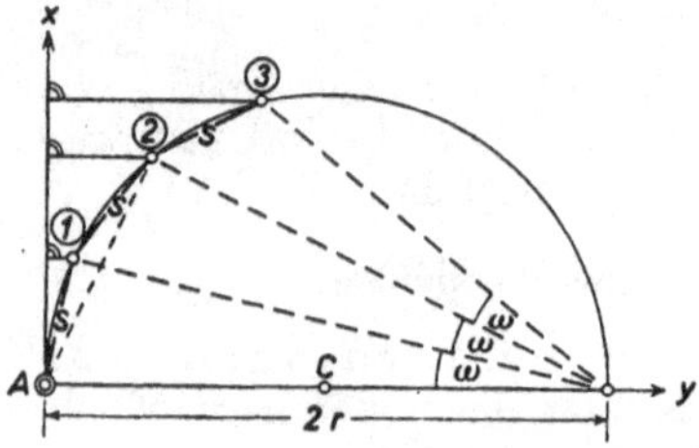

Bild 78.

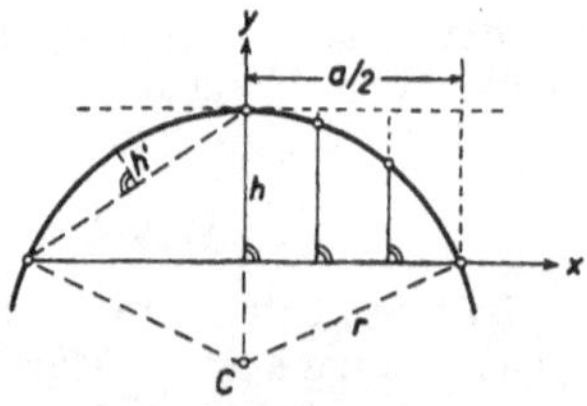

Bild 79.

gleich w sind, so ergeben sich für $n = 3$ die Absteckungselemente

$$\left.\begin{aligned} x_1 &= s\cos w\,; & y_1 &= s\sin w\,;\\ x_2 &= x_1 + s\cos 3w\,; & y_2 &= y_1 + s\sin 3w\,;\\ x_3 &= x_2 + s\cos 5w\,; & y_3 &= y_2 + s\sin 5w\,. \end{aligned}\right\} \tag{5}$$

Rechenprobe:

$$x = 2r\sin 3w\cos 3w\,; \qquad y_3 = 2r\sin^2 3w\,.$$

54.2 Mit rechtwinkligen Koordinaten von der Sehne (Bild 79). Müssen die Zwischenpunkte von der Kreissehne a abgesetzt werden, so bezieht man ihre Koordinaten zunächst nach 54.1 auf eine der Sehne parallele Tangente. Beim Übergang auf die Sehne werden die Abszissenunterschiede unverändert beibehalten, während die von der Sehne a abzusetzenden Ordinaten die Ergänzungen der Tangentenordinaten zu der Pfeilhöhe

$$h = r - \sqrt{r^2 - a^2/4} \tag{6}$$

sind.

54.3 Mit gleichen Sehnen und Umfangswinkeln (Bild 80). Zu gleichen Sehnen gehören gleiche Umfangswinkel; ferner ist der Sehnentangentenwinkel gleich dem Umfangswinkel über demselben Bogen. Auf diese Sätze gründet sich folgendes Absteckverfahren:

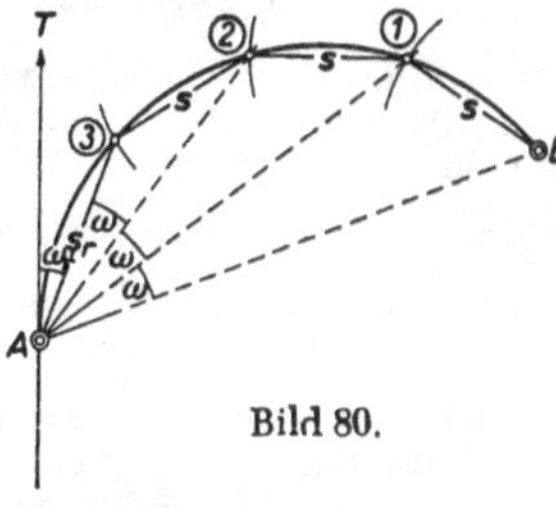

Bild 80.

Nachdem aus dem durch den Absteckungszweck oder die Stationierung vorgegebenen Sollabstand b zweier benachbarter Zwischenpunkte der zugehörige Umfangswinkel w und die Sehne s nach (4) errechnet sind, stellt man einen Theodolit im Punkt A des Bogens AE auf und zielt E an. Dann dreht man das Fernrohr um w auf A zu und schlägt gleichzeitig mit einem Meßband, an dem die Strecke s markiert ist, einen Kreisbogen um E. Der Schnittpunkt von Visierlinie und Bogen ist ①. Jetzt wird das Fernrohr um w weitergedreht und ein Bogen mit s um ① geschlagen, wodurch man ② erhält, und so fort. Schließlich bleibt ein Restbogen b_r mit dem Sehnentangentenwinkel w_r und der Restsehne s_r übrig; w_r und s_r mißt man und berechnet sie zur Probe aus

$$w_r = \sphericalangle TAE - n\,w\,; \quad s_r = 2\,r \sin w_r\,. \tag{7}$$

Für $s = 20$ m hat w folgende Größen:

$r =$ 100 m	200 m	500 m	1000 m	2000 m
$w = 6{,}3768^g$	$3{,}1846^g$	$1{,}2735^g$	$0{,}6367^g$	$0{,}3182^g$

Zur Vereinfachung nimmt man entweder runde Umfangswinkel oder runde Sehnen und steckt die Zwischenpunkte, um Fehleranhäufungen zu vermeiden, in Richtung auf das Instrument zu ab. Das Verfahren liefert mit wenig Meß- und Rechenarbeit in kurzer Zeit sichere Bogenpunkte. Man kann die Arbeitsgeschwindigkeit noch steigern, wenn man die neu einzuweisenden Punkte zuvor roh nach der Sekantenmethode [55.2] einweisen läßt. Das Verfahren empfiehlt sich besonders bei Absteckungen auf Dämmen.

55 Überschlag- und Einrückformeln

Das Projektieren von Kreisbögen und das Überprüfen abgesteckter Bögen wird sehr erleichtert, wenn man Überschlagformeln zur Hand hat.

Genähertes Absetzen von einer Tangente (Bild 77). Aus dem ersten Glied von 54 (3) folgt $x \approx s\,; \quad y \approx \dfrac{s^2}{2\,r}\,.$ (1)

Genähertes Absetzen von einer Sekante (Bild 81). Bei diesem Verfahren müssen zuvor zwei aufeinanderfolgende Punkte abgesteckt sein. Dann ist nach 54 (5) und (4)

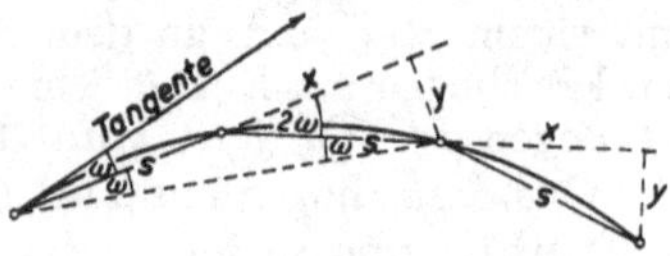

Bild 81.

$$y = s \sin 2\,w$$
$$\sin w = s/2\,r\,,$$
$$\sin 2\,w \approx s/r\,,$$

woraus folgt
$$x \approx s\,; \quad y \approx \frac{s^2}{r}\,. \tag{2}$$

Pfeilhöhenermittlung (Bild 79). Anwendung der binomischen Reihe auf 54 (6) gibt

$$h = r - r\sqrt{1 - a^2/4\,r^2} \approx r - r\,(1 - a^2/8\,r^2 + \ldots)$$

oder
$$h \approx \frac{a^2}{8\,r}\,. \tag{3}$$

Viertelsmethode (Bild 79). Um aus der Pfeilhöhe h eines Bogens die Pfeilhöhe h' des Halbbogens abzuleiten, ist in (3) a durch $a/2$ zu ersetzen. Dann wird

$$h' \approx \frac{a^2}{32\,r} \approx {}^1/_4\,h\,. \tag{4}$$

Einrückformel (Bild 82). Ist z. B. zum Stationieren des Bogens zwischen zwei abgesteckten Bogenpunkten ein Zwischenpunkt einzuschalten, so geht man am besten von der Sehne aus. Meistens ist bei flachen Bögen der Praxis genau genug $x \approx b$. Für y erhält man mit (1) und (3)

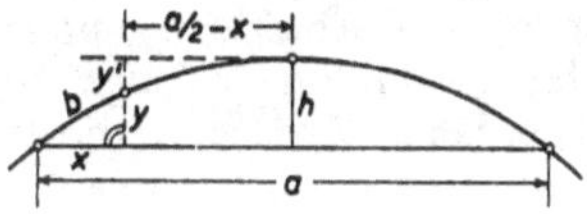

Bild 82.

$$y = h - y' \approx \frac{a^2}{8r} - \frac{(a/2 - x)^2}{2r} \approx \frac{x(a - x)}{2r}. \tag{5}$$

56 Korbbögen

Die Lage eines Kreisbogens in der Örtlichkeit ist durch 3 Stücke — im einfachsten Falle durch die Richtungen von Anfangs- und Endtangente und den Kreishalbmesser — bestimmt. Kommen noch weitere Bedingungen hinzu, z. B. die Lage der Berührungspunkte auf den Tangenten, Zwangspunkte auf Brücken usw., so muß die Trasse aus Kreisbögen verschiedener Halbmesser zusammengesetzt werden, die in den Punkten, in denen sie aneinanderstoßen, eine gemeinsame Tangente besitzen. In den meisten Fällen ist die gegenseitige Lage der Ausgangsstücke durch indirekte Messungen zu bestimmen; ferner müssen beim Übergang von den Geraden zu den Kreisbögen und zwischen Kreisbögen verschiedener Halbmesser Übergangsbögen [57] eingeschaltet werden; schließlich hat man häufig gleichzeitig Niveauunterschiede zu überwinden. Die Berechnung von Korbbögen ist daher so schwierig, daß hier nur ein ganz einfacher Fall (Bild 83) erläutert werden kann.

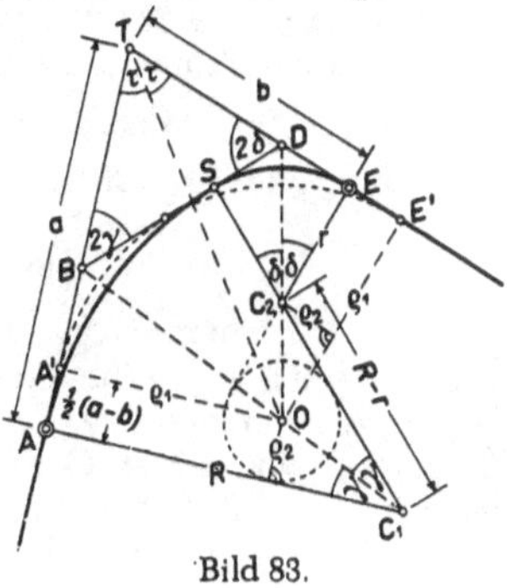

Bild 83.

Bei einem zweiteiligen Korbbogen mögen neben der

Anfangs- und Endtangente, die einander unter dem Winkel 2τ schneiden, drei weitere Stücke gegeben sein, wofür in erster Linie die beiden Tangentenabschnitte a und b und die beiden Krümmungshalbmesser R und r (oder das Verhältnis beider) in Frage kommen. Zwischen diesen Stücken bestehen folgende Beziehungen:

Man betrachte zuerst die beiden punktiert eingezeichneten Hilfskreise um den auf der Halbierungslinie des Tangentenschnittwinkels 2τ liegenden Mittelpunkt 0 mit den Halbmessern

$$\varrho_1 = \frac{a+b}{2}\tan\tau\,; \quad \varrho_2 = \frac{a-b}{2}\,. \tag{1}$$

Die in C_1 und C_2 eingetragenen Zentriwinkel 2γ und 2δ der beiden Bogenstücke AS und SE treten auch bei B und D auf; daher ist

$$\tau + \gamma + \delta = 100^g. \tag{2}$$

Sodann folgt aus der Figur

$$R = \varrho_1 + \varrho_2 \cot\gamma\,; \qquad r = \varrho_1 - \varrho_2 \cot\delta\,. \tag{3}$$

Diese Gleichungen hat man, wenn außer 2τ z. B. a, b und R gegeben sind, in der Reihenfolge (1), (2), (4), (3), (5) aufzulösen. Andere Ausgangswerte bedingen eine andere Reihenfolge. Als Rechenprobe dienen die an der Figur abzulesenden Projektionssätze

$$(R-r)\sin 2\gamma + r\sin 2\tau + b\cos 2\tau = a\,, \tag{4}$$

$$a\cos 2\tau + R\sin 2\tau - (R-r)\sin 2\delta = b\,. \tag{5}$$

57 Übergangsbögen

57.1 K r ü m m u n g u n d L ä n g e d e r Ü b e r g a n g s b ö g e n. Eine Trasse, die aus Geraden und Kreisbögen zusammengesetzt ist, verläuft äußerlich glatt. Beim Übergang von einer Geraden in einen Kreisbogen oder von einem Kreisbogen in einen Kreisbogen mit anderem Radius ändern sich jedoch die Krümmung und die Zentrifugalbeschleunigung sprunghaft. Um den Übergang zu mildern, werden an den Sprungstellen Übergangsbögen mit veränderlichem Krümmungshalbmesser eingefügt.

Zur Darstellung der Krümmungsverhältnisse dient das Krümmungsbild; das ist ein Diagramm, in dem die Wegelängen l als Abszissen und die Krümmungen k (= Reziproken der Krümmungshalbmesser) als Ordinaten aufgetragen werden. Das Bild 84 zeigt das Krümmungsbild einer aus zwei Geraden, einem Kreisbogen und zwei Übergangsbögen zusammengesetzten Trasse. Die Krümmungslinien der beiden Geraden ($k = 0$) fallen in die Abszissenachse; die Krümmungslinie des Kreises ($k =$ const) ist eine

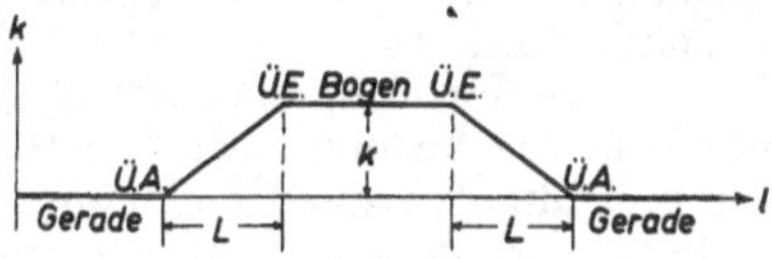

Bild 84. Krümmungsbild.

Parallele zur Abszissenachse; als Krümmungslinien der beiden Übergangsbögen bieten sich daher die an- bzw. absteigenden Geraden an, die die Endpunkte der Krümmungslinien der Geraden und des Kreisbogens miteinander verbinden. Die Krümmung solcher Übergangsbögen ist in jedem Krümmungspunkt der laufenden Kurvenlänge l proportional. Die Kurve, die diese Eigenschaft besitzt, ist die Klothoide. Ihre Gleichung lautet

$$l\,r = A^2\,, \tag{1}$$

wobei r der laufende Krümmungshalbmesser ist und die Konstante A^2 quadratisch angesetzt wurde, weil sie dem Produkt zweier Längen entspricht. Insbesondere ist, wenn L die Gesamtlänge des Übergangsbogens und R den Radius des anschließenden Hauptbogens bedeutet,

$$A^2 = RL\,. \tag{1a}$$

Alle Klothoiden sind einander ähnlich; dabei ist A ein Parameter, der die Klothoide ebenso eindeutig festlegt, wie der Halbmesser einen Kreis. Bei Absteckungen wird auf Grund der örtlichen Verhältnisse entweder A und damit der Krümmungsverlauf der Klothoide oder L, d. h. ihre Länge, vorgeschrieben.

Um einen Anhalt zur Ermittlung von L zu gewinnen, wird von den Vorgängen in der Vertikalen ausgegangen. Bekanntlich wird, um die Wirkung der Zentrifugalbeschleunigung aufzuheben, die Fahrbahn in einer Straßenkurve nach innen geneigt oder die äußere Schiene eines Eisenbahngleises überhöht. Die Ausmaße der Querneigung und der Überhöhung und damit auch die Länge L der Verwindungsstrecke bzw. der Überhöhungsrampe sind vornehmlich durch die vorgesehene Fahrgeschwindigkeit und den Radius des Hauptbogens bedingt. Dieselbe Länge L gibt man zweckmäßig auch dem Übergangsbogen und erreicht damit, daß die Überleitungsvorgänge in der Horizontalen und in der Vertikalen an einem gemeinsamen Punkt anfangen und aufhören. Eisenbahn- und Straßenbau haben dabei unterschiedliche Gesichtspunkte.

Die Eisenbahn bevorzugt aus betriebstechnischen Gründen lange Geraden; bei ihr dient der Übergangsbogen dem allmählichen Übergang von der Geraden in den Kreis. Die Deutsche Bundesbahn macht daher die Übergangsbögen möglichst kurz. Nach ihrer Oberbauvorschrift DV - 820 gelten, wenn V die größte planmäßige Geschwindigkeit in km/h ist, für die Überhöhung $ü$ in mm, R und L in m folgende Regelvorschriften: Regelüberhöhung $ü = 8\,V^2/R$, wobei $20 \leqq ü \leqq 150$ mm, Regelneigung der Überhöhungsrampe $1 : 10\,V$, Übergangsbögen $L = 10\,V\,ü/1000$ bei $V > 40$ km/h. Diesen Vorschriften entspricht nachstehende Tabelle:

V	R	L	$ü$	V	R	L	$ü$
km/h	m	m	mm	km/h	m	m	mm
160	2000	160	100	90	1300	45	50
160	1300	240	150	90	400	135	150
120	2000	75	60	60	2000	—	—
120	1300	110	90	60	1300	15	20
120	700	180	150	60	400	45	70
90	2000	30	30	60	180	90	150

Für die Geschwindigkeiten $V = 160$; $= 120$; $= 90$ und $= 60$ km/h sind die kleinstzulässigen Halbmesser angegeben.

Beim Straßenbau gelangt man zur Klothoide auf Grund der Forderung, daß bei gleichbleibender Geschwindigkeit die Räder in gleichen Zeiten um gleiche Winkel eingeschlagen werden sollen. Man wünscht ferner plötzliche Krümmungsänderungen zu vermeiden, weil sie dem Fahrer eines Wagens als Knick erscheinen. Schließlich weiß man, daß lange Geraden einschläfernd wirken. Insbesondere beim Autobahnbau bevorzugt man daher lange Übergangsbögen und betrachtet heute die Klothoide nicht so sehr als Übergangsbogen, sondern als selbständiges Trassierungselement neben Geraden und Kreisbogen.

Die Mindestlänge der Übergangsbögen ergibt sich aus den drei Forderungen:

1. Die Zunahme der Seitenbeschleunigung („Ruck") $\frac{\mathrm{d}p}{\mathrm{d}t}$ soll $\leqq 0{,}5\ \mathrm{m/sec}^3$ sein.
2. Die durch die Kurvenüberhöhung entstehende zusätzliche Längssteigung am Fahrbahnaußenrand darf 1,5 % nicht übersteigen.
3. Der von der Klothoide vollzogene Richtungswechsel soll noch wahrnehmbar sein ($\tau \geqq 3{,}5^g$).

Diesen Bedingungen genügen in Abhängigkeit von der Ausbaugeschwindigkeit etwa folgende Grenzwerte:

	Entwurfsgeschwindigkeit V_E (km/h)					
	30	40	50	60	80	100
min. Kurvenradius R (m)	50	90	150	250	500	800
min. Parameter A (m)	30	50	70	100	200	300
min. Übergangsbogenlänge L (m)	18	28	33	40	80	125

So sehr die Klothoide sich durch die in (1) zum Ausdruck kommenden einfachen geometrischen Eigenschaften empfiehlt, so steht doch ihrer praktischen Anwendung entgegen, daß sie nach (1) nicht abgesteckt werden kann. Es wurde und wird auch heute noch vielfach mit Ersatzkurven gearbeitet. Beim Straßenbau ist vielfach als Übergangsbogen ein *Vorbogen* abgesteckt, d. h. ein Kreisbogen, dessen Radius doppelt so groß ist wie der des Hauptbogens. Bei der Eisenbahn hat man lange mit der kubischen Parabel gearbeitet und benutzt heute, soweit Übergangsbögen von der Tangente abgesteckt werden, die von M. Höfer angegebene *verbesserte kubische Parabel*. Nachstehend wird unter Verweisung auf die Spezialliteratur*) lediglich die einfache kubische Parabel vorgetragen, weil sich damit gleichzeitig eine allgemeine Einführung in das Abstecken von Übergangsbögen verbinden läßt.

57.2 Die kubische Parabel läßt sich durch zweimalige Integration aus (1) herleiten, wenn man im Hinblick auf die Flachheit des Bogens seine laufende Länge durch die Abszisse ersetzt und an Stelle des Krümmungshalbmessers $(1 + y'^2)^{3/2}/y''$ den Näherungswert $1/y''$, d. h. die Reziproke der zweiten Ableitung einführt. Unter Beachtung von (1a) ergibt sich dann als ihre Gleichung

$$y = \frac{x^3}{6\,A^2}. \tag{2}$$

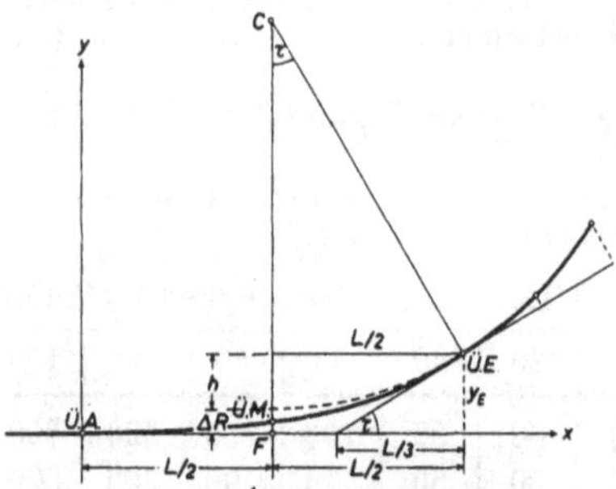

Bild 85. Kubische Parabel.

Für die Absteckung beachte man an Hand des Bildes 85 folgendes:

a) Der Kreisbogen mit dem Radius R würde die Tangente, wenn kein Übergangsbogen einzuziehen wäre, in F berühren. Um Raum für den Übergangsbogen zu schaffen, wird der Kreis längs der Ordinate FC auf seinen Mittelpunkt zu um die *Tangentenabrückung* ΔR von der Tangente abgerückt (Bild 86). ΔR ergibt sich aus der Differenz der Ordinate in $x = L$ und der Pfeilhöhe [55(3)] genau genug zu

$$\Delta R = y_E - h = \frac{L^3}{6\,LR} - \frac{L^2}{8\,R} = \frac{L^2}{24\,R} = \frac{L^3}{24\,A^2}. \tag{3}$$

*) Siehe Lit.-Nachweis S. 134.

Den Ordinatenpunkt F findet man, indem man nach 53 den Tangentenberührungspunkt eines Kreises mit dem Radius $(R + \Delta R)$ berechnet.

b) Der Übergangsbogenanfang $\ddot{U}A$ (Bild 85) liegt um $L/2$ von F entfernt auf der Tangente; seine Mitte $\ddot{U}M$ ist der Schnitt mit der Ordinate FC, und sein Ende $\ddot{U}E$ liegt um $L/2$ von F entfernt auf dem Kreis. Da der Unterschied zwischen Bogenlänge und Abszisse vernachlässigt wird, ist

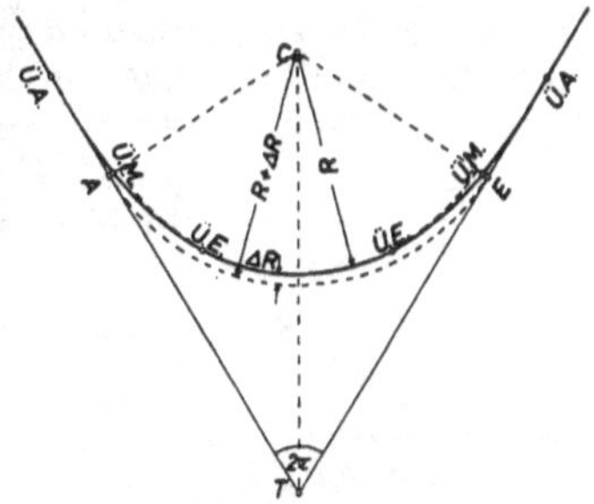

Bild 86.

$$\begin{aligned} &\text{in } \ddot{U}A\text{:} \quad x_A = 0\,; \qquad y_A = 0\,, \\ &\text{in } \ddot{U}M\text{:} \quad x_M = \frac{1}{2}\,L\,; \quad y_M = \frac{L^3}{48\,A^2} = \frac{1}{2}\,\Delta R\,, \qquad (4) \\ &\text{in } \ddot{U}E\text{:} \quad x_E = L\,; \qquad y_E = \frac{L^3}{6\,A^2} = 4\,\Delta R\,. \end{aligned}$$

c) Den Richtungswinkel τ der Tangente $\ddot{U}E$ erhält man, indem man (2) ableitet und $x = L$ setzt, aus $\tan \tau = L^2/2\,A^2$. Die Subtangente ergibt sich, indem man y_E durch $\tan \tau$ dividiert, zu $L/3$. Sie ist mithin gleich einem Drittel der Abszisse des Tangentenberührungspunktes. Dieser Satz gilt für jeden Kurvenpunkt.

d) Zum Abstecken des anschließenden Kreisbogens von der Haupttangente aus sind die Kreisordinaten um ΔR zu vergrößern (Bild 86).

e) Da bei der Ableitung der kubischen Parabel für die Krümmung der Näherungswert $1/y''$ benutzt wurde, besitzt die kubische Parabel nicht die in (1) geforderte Sollkrümmung. Infolgedessen entsteht beim Übergang in den Kreis in $\ddot{U}E$ ein schwacher Krümmungssprung, der jedoch nicht mehr als 10 % von R ausmacht, solange $L \leqq 0{,}5\,R$ ist.

57.3 Die Klothoide. Um auch die Klothoide von der Tangente aus abstecken zu können, werden aus (1) rechtwinklige Koordinaten in bezug auf die Tangente als Abszissenachse und ihrem Anfangspunkt $\ddot{U}A$ als Ursprung abgeleitet. In Verbindung mit (1) gibt Bild 87 $\mathrm{d}\tau = \mathrm{d}l/r = l\,\mathrm{d}l/A^2$, woraus durch Integration erhalten wird

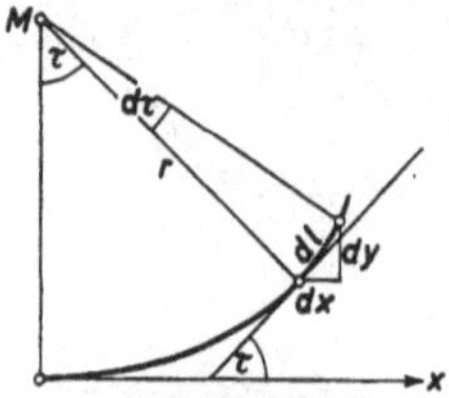

Bild 87.

$$\tau = \frac{l^2}{2\,A^2}\,. \tag{5}$$

Aus $\mathrm{d}x = \cos\tau\,\mathrm{d}l$ und $\mathrm{d}y = \sin\tau\,\mathrm{d}l$ folgen sodann die *Fresnelschen Integrale*

$$x = \int_0^l \cos\frac{l^2}{2\,A^2}\,\mathrm{d}l\,; \qquad y = \int_0^l \sin\frac{l^2}{2\,A^2}\,\mathrm{d}l\,. \tag{6}$$

Diese lassen sich zwar in Potenzreihen entwickeln; die Reihen konvergieren aber so langsam, daß sie für die Praxis zu schwerfällig sind. Voraussetzung für die Anwendung ist daher, daß Absteckungstafeln*) zur Verfügung stehen.

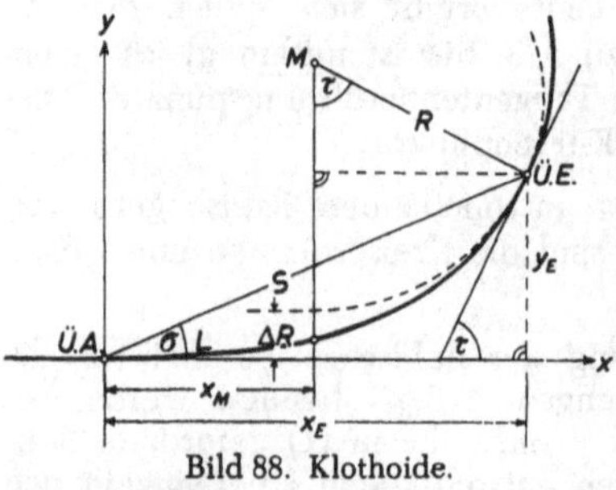

Bild 88. Klothoide.

Die reichhaltigste dieser Tafeln ist von Kasper, Schürba und Lorenz herausgegeben. In ihr werden die Elemente, welche Längen darstellen, mit Großbuchstaben bezeichnet. Insbesondere sind X und Y die auf die Tangente

*) Siehe Lit.-Nachweis S. 134.

bezogenen laufenden rechtwinkligen Koordinaten eines Klothoidenpunktes P; L ist die Bogenlänge vom Ursprung bis P, R der Krümmungshalbmesser in P und ΔR die Tangentenabrückung; ferner ist S die Klothoidensehne vom Ursprung nach P und σ ihr Richtungswinkel. τ ist der Richtungswinkel der Tangente in P.

In den ersten Tabellen des genannten Werkes ist die Klothoide mit dem Parameter $A = 1$ vertafelt, welche *Einheitsklothoide* heißt. Ihre Elemente sind mit den den Großbuchstaben entsprechenden kleinen Buchstaben x, y, l, r, Δr und s bezeichnet und folgendermaßen berechnet:

Gem. (1a) ist im Punkt $P(x, y)$ der Einheitsklothoide, da $l = L/A$ und $r = R/A$ ist, $lr = 1$. Mithin ist nach (5) der Tangentenwinkel

$$\tau = \frac{l^2}{2} = \frac{l}{2r} = \frac{1}{2r^2}. \qquad (7)$$

Aus (6) folgt durch Entwicklung und Integration

$$x = l - \frac{l^5}{40} + \frac{l^9}{3456} - \dots; \qquad y = \frac{l^3}{6} - \frac{l^7}{336} + \frac{l^{11}}{42\,240} - \dots \qquad (8)$$

Daraus ergeben sich an Hand des Bildes 88 die Polarkoordinaten

$$s = \sqrt{x^2 + y^2}; \qquad \sigma = \operatorname{arc\,tan} y/x. \qquad (8a)$$

Die Koordinaten des Krümmungsmittelpunktes sind

$$x_M = x - r \sin\tau; \qquad y_M = y + r\cos\tau, \qquad (9)$$

und die Tangentenabrückung ist

$$\Delta r = y_M - r = y + r\cos\tau - r. \qquad (9a)$$

Diese Werte sind für Tangentenwinkel von 0^g bis 150^g von Tausendstel zu Tausendstel der Bogenlänge bis auf 7 Dezimalstellen vertafelt. Daraus erhält man X, Y, X_M und Y_M und ΔR, indem man die Tafelwerte mit A multipliziert.

Außer den Tafeln der Einheitsklothoide enthält das Werk von Kasper, Schürba und Lorenz Tafeln der *Normklothoiden*. Diese geben die endgültigen Absteckungsdaten für eine größere Anzahl ausgewählter Klothoiden mit runden Parametern, runden Bogenlängen oder runden Radien für den Hauptbogen. Dabei sind die Tafelintervalle naturgemäß wesentlich größer gewählt worden.

Das Werk enthält darüber hinaus noch Hilfstafeln für das Projektieren. Endlich sind im Text Näherungsformeln gegeben, von denen Ziff. 57.4 eine Auswahl bringt.

57.4 N ä h e r u n g e n b e i f l a c h e n K l o t h o i d e n. Der Richtungswinkel einer Klothoidensehne (Bild 89) ist, wenn L_1 und L_2 die von *ÜA* an gerechneten Klothoidenlängen bis P_1 und P_2 sind, genähert

$$\varphi_{12} \approx \frac{\varrho}{6\,A^2}\left(L_1^2 + L_1\,L_2 + L_2^2\right). \tag{10}$$

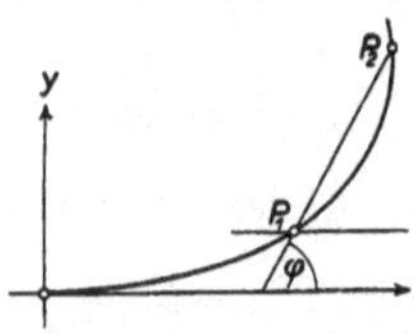

Bild 89.

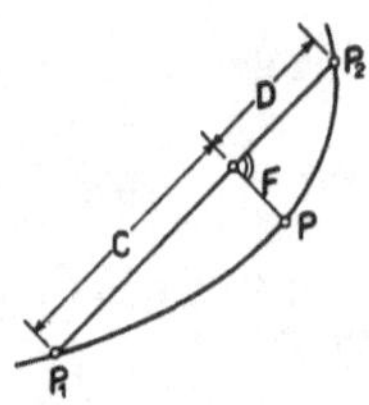

Bild 90.

Diese Formel gilt, solange $P_1\,P_2 \leqq a^2/2{,}5$ ist. Mit ihrer Hilfe lassen sich nachstehende Einrückungsformeln ableiten:

a) *Abstecken von der Sehne* (Bild 90).

$$C = L - L_1\,; \quad D = L_2 - L\,; \quad F \approx \frac{CD}{6\,A^2}\,(L_1 + L_2 + L)\,. \tag{11}$$

Für $C = D$ folgt mit $B = L - L_1 = L_2 - L$ die Pfeilhöhe F_0 aus

$$F_0 \approx \frac{B^2 L}{2\,A^2}\,. \tag{12}$$

b) *Abstecken von der Sekante* (Bild 91). Liegt P in Richtung der Krümmungszunahme, so ist

$$U = L - L_2; \quad V \approx \frac{(L - L_1)(L - L_2)(L_1 + L_2 + L)}{6 A^2}. \tag{13}$$

Liegt P in Richtung der Krümmungsabnahme, so sind P_1 und P_2 auszutauschen.

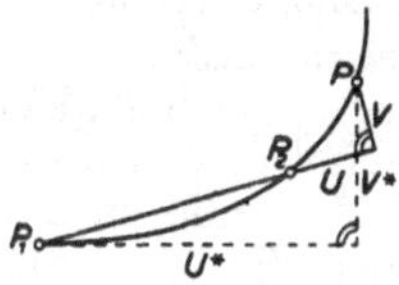

Bild 91.

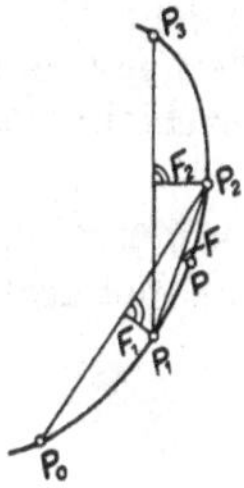

Bild 92.

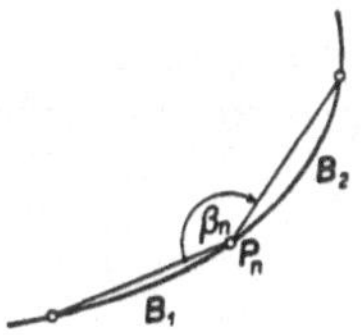

Bild 93.

c) *Abstecken von der Tangente* (in Bild 91 gestrichelt).

$$U^* = L - L_1; \quad V^* \approx \frac{(L - L_1)^2 (2 L_1 + L)}{6 A^2}. \tag{14}$$

d) *Zweiachtelmethode* (Bild 92). Bei diesem der Viertelsmethode beim Kreis [55] entsprechenden Verfahren gebraucht man 4 gleichabständig verpflockte Klothoidenpunkte. Man mißt zunächst die Pfeilhöhen F_1 und F_2 und errechnet die Pfeilhöhe F in P aus

$$F \approx \frac{F_1}{8} + \frac{F_2}{8}. \tag{15}$$

e) *Abstecken eines Sehnenpolygons.* Man berechnet die Sehnen und Brechungswinkel für beliebig lange Sehnen am besten aus rechtwinkligen Koordinaten. Für die Brechungswinkel zwischen kurzen Sehnen (Bild 93) gibt zweimalige Anwendung von (10), wenn unter B_1 und B_2 die Längen der Bögen verstanden werden,

$$\beta_n \approx 200^g - \frac{\varrho}{6 A^2}(B_1 + B_2)(3 L_n + B_2 - B_1). \tag{16}$$

58 Bogenabsteckung nach dem Nalenzverfahren

58.1 Grundgleichungen und Winkelbild. Das Nalenzverfahren ist ursprünglich (1898) zur Wiederherrichtung ausgefahrener Gleise entwickelt worden. Um dabei nicht wie bei der Erstabsteckung auf die oftmals weitabliegenden Tangenten zurückgehen zu müssen, benutzt Nalenz das vorhandene Gleis als Standlinie, von der aus die verbesserte Gleislage ohne Hilfslinien mit einfachen Stichmaßen (Verschiebungsmaßen) abgesetzt werden kann.

Eine Formel zur Berechnung der Verschiebungsmaße e_i ist leicht anzugeben. Man betrachte zwei in mäßigem, jedoch wechselndem Abstand nebeneinander laufende flache Bögen, die im Punkt T des Bildes 94 eine gemeinsame Tangente haben. Die Richtungswinkel beliebiger Tangenten seien bei dem einen Bogen mit φ, bei dem anderen mit φ' bezeichnet. Unter der Voraussetzung, daß die von T bis zu zwei einander gegenüberliegenden Punkten P und P' beider Bögen reichenden Bogenlängen l_i und l'_i nahezu gleich sind, ändert der Abstand der Kurven sich, wenn l um $\mathrm{d}l$ vergrößert wird, um das Stück

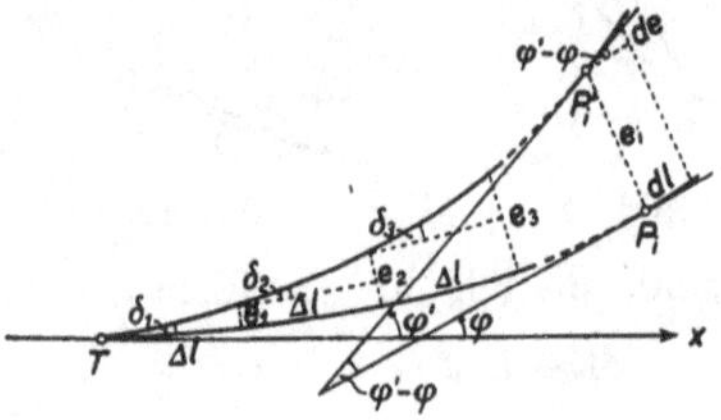

Bild 94.

$$\mathrm{d}e = \tan(\varphi' - \varphi)\,\mathrm{d}l \approx (\varphi' - \varphi)\,\mathrm{d}l\,,$$

woraus folgt

$$e = \int (\varphi' - \varphi)\,\mathrm{d}l\,. \tag{1}$$

Das wichtigste technische Hilfsmittel zur Auswertung dieser Formel ist das *Winkelbild.* Darunter wird ein Diagramm verstanden, in dem als Abszissen die Bogenlängen und als Ordinaten die analytischen Maße der Tangentenrichtungswinkel φ aufgetragen sind. Da φ gleich dem vom Radius des Berührungspunktes an gemessenen Zentriwinkel ist (Bild 87), besteht, wenn unter k die laufende Krümmung der Bögen verstanden wird, die Beziehung

$$\left.\begin{aligned} \mathrm{d}\varphi &= \frac{1}{r}\,\mathrm{d}l = k\,\mathrm{d}l \\ \text{oder}\quad \varphi &= \int k\,\mathrm{d}l. \end{aligned}\right\} \qquad (2)$$

Das Winkelbild ist also gleichzeitig die Integralkurve des Krümmungsbildes [57.1]. Im besonderen ist das Winkelbild einer (beliebig gerichteten) Geraden eine Parallele zur Abszissenachse, das eines Polygonzuges eine Treppenkurve, das eines Kreises eine der Krümmung des Kreises entsprechend mehr oder weniger geneigte Gerade und das einer kubischen Parabel eine quadratische Parabel.

58.2 Das Nalenzverfahren besteht in der praktischen Auswertung der Gleichungen (1) und (2) mit Hilfe des Winkelbildes. Es gliedert sich in das Bestimmen der Krümmung der Standlinie, das Zeichnen des Winkelbildes der Standlinie sowie des Entwurfs (d. h. der in Aussicht genommenen Sollage des Bogens) und endlich die Berechnung der Verschiebungsmaße durch graphische Integration über die Ordinatendifferenzen des Winkelbildes im Summenbild. Im einzelnen sehen diese Schritte, wenn z. B. ein Kreisbogen mit zwei Übergangsbögen gem. Bild 84 abgesteckt werden soll, folgendermaßen aus:

a) *Zum Bestimmen der Krümmung* unterteilt man die als Standlinie gewählte Schiene in gleich lange Abschnitte Δl von 10 oder 20 m (Bild 95). Dann fluchtet man die Sehne s zwischen je zwei durch einen Zwischenpunkt getrennten

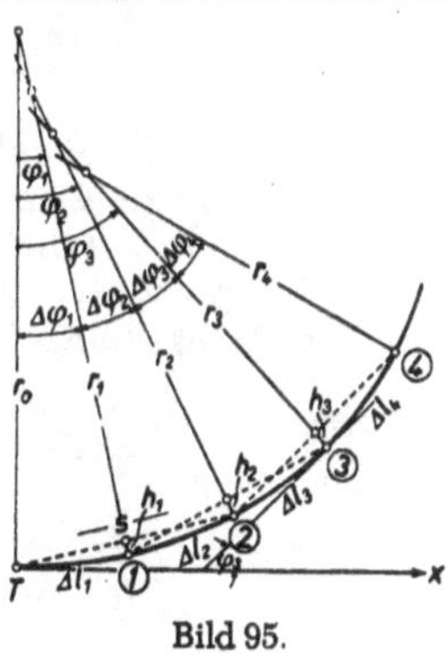

Bild 95.

Bogenpunkten mit Hilfe eines gespannten Drahtes oder eines Visiergerätes durch und mißt am Zwischenpunkt die Pfeilhöhe h. Zwischen der Pfeilhöhe und der Krümmung k bzw. dem Krümmungshalbmesser r besteht nach 55 (3) die Beziehung

$$k = \frac{1}{r} = \frac{8h}{s^2}. \tag{3}$$

b) *Das Winkelbild der Standlinie* (Bild 96 oben). Grundlage für die Berechnung der Abszissen sind die Bogenlängen

$$l_i = \Delta l_1 + \Delta l_2 + \ldots \Delta l_i = \sum_1^i \Delta l_i. \tag{4}$$

Zur Berechnung der Ordinaten gibt Bild 95

$$\varphi_i = \Delta\varphi_1 + \Delta\varphi_2 + \ldots \Delta\varphi_i = \sum_1^i \Delta\varphi_i.$$

Für die $\Delta\varphi$ aber gilt wegen (3) und $s \approx 2\Delta l$

$$\Delta\varphi_i = \frac{\Delta l}{r} = \frac{2}{\Delta l} h_i, \text{ woraus folgt}$$

$$\varphi_i = \frac{2}{\Delta l}(h_1 + h_2 + \ldots h_i) = \frac{2}{\Delta l} \sum_1^i h_i. \tag{5}$$

Dabei werden die Pfeilhöhen für Linksbögen positiv, für Rechtsbögen negativ in Rechnung gestellt.

Aus (4) und (5) erhält man schließlich unter Einführen der Maßstabsfaktoren c_x, c_y und c_h als Abszissen und Ordinaten des Winkelbildes

$$x_i = c_x \sum_1^i \Delta l_i, \tag{6}$$

$$y_i = c_y \frac{2}{\Delta l} \sum_1^i h_i = c_h \sum_1^i h_i. \tag{7}$$

Die Abszissen werden von einem in der x-Richtung um $\Delta x/2 = c_x \ \Delta l/2$ verschobenen Nullpunkt aus abgetragen; die Ordinaten weisen bei Linksbögen nach oben, bei Rechtsbögen nach unten. Ihre Endpunkte werden geradlinig miteinander verbunden.

c) *Das Winkelbild des Entwurfs* (im Bild 96 oben verstärkt gezeichnet) bekommt man, indem man die Unregelmäßigkeiten im Winkelbild der Standlinie nach Augenmaß ausmittelt; dabei müssen jedoch einerseits die in 58.1 bei der Einführung des Winkelbildes gegebenen Zusammenhänge zwischen einer Kurve und ihrem Winkelbild berücksichtigt werden. Sodann müssen die Flächen zwischen den Winkelbildern der Standlinie und des Entwurfs sich ausgleichen und endlich die Endparallelen in den Winkelbildern der Standlinie und des Entwurfs aufeinanderliegen, damit die Endtangenten beider Bögen zusammenfallen.

d) *Berechnung der Verschiebungsbeträge im Summenbild.* Aus den zwischen den Ordinaten des Entwurfs und der Standlinie auftretenden Unterschieden $(y_E - y_i) = d_i$ erhält man die in dem betreffenden Bogenpunkt bestehenden Richtungsunterschiede $(\varphi' - \varphi) = \delta_i$ aus

$$\delta_i = \frac{d_i}{c_y} \,. \tag{8}$$

Wenn man nun in (1) an Stelle des differentiellen $\mathrm{d}l$ das endliche Δl einführt, statt $(\varphi' - \varphi)$ das δ schreibt und das Integral durch Summenbildung ersetzt, so wird

$$l_i = \Delta l \sum_1^i \delta_i = \frac{\Delta l}{c_y} \sum_1^i d_i \,. \tag{9}$$

Die geometrische Bedeutung dieser Gleichung läßt sich aus Bild 94 ablesen. Für die praktische Rechnung schreibt man sie um in

$$e_i = c_b \cdot b_i \,. \tag{10}$$

c_b heißt Verschiebungsmaßstab; er ist gem. (9) gleich $\Delta l/c_y$. Um $b_i = \sum_1^i d_i$ zu erhalten, werden im Winkelbild die Abstände d_i von Standlinie und Entwurf auf den Mittelordinaten der Abszissenabschnitte vom Tangentenberührungspunkt an summiert und am Ende des jeweiligen Abszissenabschnittes im Summenbild (Bild 96 unten) als Ordinaten aufgetragen, und zwar positive d-Summen nach oben, negative nach unten. Verbindet man die Endpunkte der Ordinaten, so erhält man die Summenlinie, die an den Stellen, wo im Winkelbild Standlinie und Entwurf einander schneiden, ein Maximum oder ein Minimum hat. Das Produkt aus Ordinate und Verschiebungsmaßstab gibt endlich das in der Örtlichkeit an der der Abszisse entsprechenden Stelle der Standlinie abzusetzenden Verschiebungsmaße e_i.

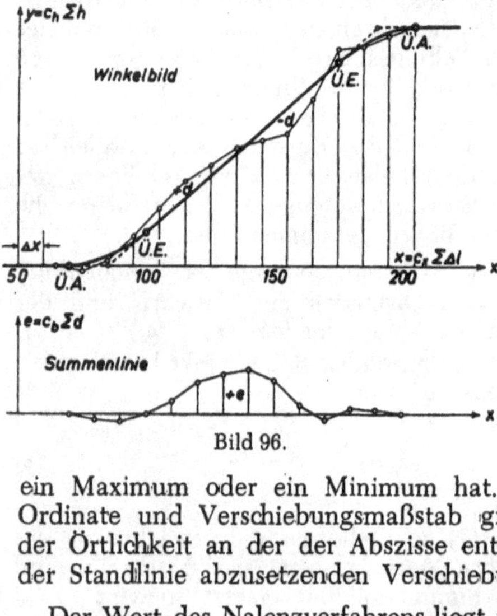

Bild 96.

Der Wert des Nalenzverfahrens liegt in erster Linie darin, daß man nur auf dem Bahndamm zu messen braucht. Das Messen und Abstecken von der Tangente aus, das zumal, wenn die Tangente außerhalb des Bahndamms liegt, umständlich ist und leicht ungenau wird, entfällt.

Um dieses Vorteils willen benutzt man das Nalenzverfahren auch beim Neubau von Gleisen. Als Standlinie dient dabei oftmals irgendein anderes auf dem Bahndamm liegendes Gleis. Ist keines vorhanden, so bestimmt man gleichabständige Bogenpunkte etwa mit Hilfe eines Sehnenpolygons [53.3 und 57.4] und verbessert diese vorläufige Absteckung nach Nalenz. Die Bundesbahn verwendet als Übergangsbogen neben der Klothoide die von G. Schramm angegebene *biquadratische Parabel.* Diese ist eine Kurve IV. Ordnung mit S-förmig geschwungener Krümmungslinie, die dadurch entsteht, daß in dem in Bild 84 wiedergegebenen Krümmungsbild die geradlinige Verbindung von *ÜA* und *ÜE* durch 2 quadratische Parabeln ersetzt wird. Auch sie kann mit Hilfe des Nalenzverfahrens abgesteckt werden.

58.3 Überblick über die Arbeitsgänge beim Nalenzverfahren

a) *Örtliche Messungen:*

α) Standlinie wählen, z. B. Schiene oder Sehnenpolygon;

β) Einteilen des Bogens in z. B. $\Delta l = 10\,\text{m}$; $s \approx 2\Delta l = 20\,\text{m}$;

γ) Pfeilhöhe h_i über den Sehnen s messen, im Feldbuch eintragen und für jeden Punkt P_i $\sum_1^i h_i$ bilden.

b) *Winkelbild auftragen:*

α) Festlegen der Maßstäbe;
Verschiebemaßstab wählen z. B. $c_b = 10:1$;
Längenmaßstab wählen z. B. $c_x = 1:1000$;
dann ist $\Delta x = \Delta l \cdot c_x = 1000\,\text{cm} : 1000 = 1\,\text{cm}$,
$c_y = \Delta l \cdot c_b = 1000\,\text{cm} : \quad 10 = 100\,\text{cm}$,
$c_h = 2\,c_y : \Delta l = 200\,\text{cm} : 1000\,\text{cm} = 1:5$;

β) Im Diagramm die Abszissenachse in Abschnitte von der Größe Δx unterteilen; Pfeilhöhensummen aus Feldbuch entnehmen und um $\Delta x/2$ nach rechts versetzt mit c_h multipliziert als Ordinaten auftragen;

γ) Entwurf eintragen.

c) *Summenbild auftragen:*

α) Ordinatenunterschiede d_i aus Winkelbild entnehmen und

für jeden Punkt P_i $\sum_1^i d_i = b_i$ bilden;

β) b_i als Ordinaten auftragen.

d) *Entwurf in die Örtlichkeit übertragen:*

α) b_i aus Summenbild abgreifen und $e_i = c_b \cdot b_i$ bilden;

β) Verschiebungen e_i von der Standlinie aus absetzen.

59 Abstecken und Überwachen von Bauwerken

59.1 Absteckungsgrundlagen. Beim Abstecken größerer Bauwerke wird im Grunde nicht anders vorgegangen als bei der Aufnahme. Man überzieht die Baustelle mit einem Netz von Lage- und Höhenfestpunkten, von denen die erstgenannten bei flächenmäßig ausgedehnten Bauwerken trigonometrisch, bei schmalen langgestreckten Anlagen dagegen durch Feinpolygonierung bestimmt werden. Beide Netze sind nach dem Bauplan so auszuwählen, daß einerseits von den Messungslinien aus die Elemente des Baukörpers bequem abgesteckt werden können, zum anderen die Fest- und Absteckpunkte durch die Bauarbeiten nicht gefährdet und durch Bauablagerungen nicht überdeckt werden. Da erfahrungsgemäß die Bauplanung gerade in diesem Punkt nicht immer eingehalten wird, empfiehlt es sich, die Punkte und die Messungslinien durch zusätzliche Vermarkungen außerhalb des Baugebiets zu versichern. Bei langgestreckten Bauwerken ist es meistens günstiger, nicht die Achse, sondern eine Parallele zu ihr abzustecken.

Wichtige Festpunkte werden durch steinerne Pfeiler vermarkt [Band I Bild 3], die bei Höhenfestpunkten bis in frostfreie Tiefe reichen müssen. Zur Vermarkung nachgeordneter Festpunkte können Pfähle verwandt werden; doch bezeichne man das Punktzentrum durch einen Nagel und schütze den Punkt durch dreiseitige Lattenhürden, die mit einem auffälligen Farbanstrich versehen werden. Zweckmäßig werden auch alle Lagefestpunkte einnivelliert, damit sie aushilfsweise auch als Höhenbezugspunkt zu gebrauchen sind. Alle wichtigeren Festpunkte sollten so ausgewählt und so sorgfältig vermarkt werden, daß sie nach Beendigung der Bauarbeiten zur Schlußvermessung und zur Überwachung des Bauwerkes dienen können.

59.2 Abstecken von Brücken. Den Grundriß steckt man zweckmäßig mittels eines selbständigen trigonometrischen Netzes ab [Band II 41], dessen Maßstab durch zwei Grundlinien bestimmt wird, die beiderseits des Flusses möglichst rechtwinklig zur Brückenachse liegen sollen. Von den Punkten dieses Netzes aus werden die beiderseitigen Achspunkte festgelegt und später etwaige feste Punkte auf den Strompfeilern durch Vorwärtseinschneiden eingewiesen. Der Höhenunterschied der Achspunkte muß, falls das Nivellement nicht über eine nahegelegene Brücke gesichert werden kann, durch nivellitischen Stromübergang [Band I 72] bestimmt werden.

Alle Messungen sollen eine Dezimale genauer sein, als es der Bauzweck verlangt. Die Grundlinien werden mit Millimetergenauigkeit in ebenem Gelände mit Schneidenlatten und Meßkeil auf einer aus Brettern gefertigten 1 m hohen Meßbank gemessen [Band I 23 und 25]; bei kupiertem Gelände ist optische Präzisionsdistanzmessung [Band II 22—24] vorzuziehen. Zur Überprüfung der Länge und des Temperaturkoeffizienten der Feinmeßgeräte ist in der Nähe der Baustelle ein Komparator einzurichten, auf dem auch das für die Herstellung der Stahlkonstruktion benutzte Normalmeter zu komparieren ist. Die Winkel werden nach sorgfältigster Zentrierung mit einem Feinmeßtheodolit mit Sekundengenauigkeit, die Höhenunterschiede mit einem Feinnivellierinstrument möglichst auf 0,1 mm beobachtet. Alle Messungen und Rechnungen müssen durchgreifend verprobt werden. Bei Beachtung dieser Regeln werden die Messungswidersprüche so gering sein, daß auf eine formelle Ausgleichung nach der Methode der kleinsten Quadrate verzichtet werden kann.

59.3 Tunnelabsteckung. Beim Tunnelbau müssen die beidseitigen Achsenrichtungen und die Tunnelmünder nach Lage und Höhe gegenseitig festgelegt werden. Zur Ermittlung der Lage hat man in allen Regelfällen ein Kleindreiecksnetz anzulegen [Band II 41] und die zum Anweisen der Achsenrichtungen abzusetzenden Winkel nach Band II 32.3 rechnerisch zu ermitteln. Die Höhenunterschiede werden durch ein gut kontrolliertes Feinnivellement ermittelt.

Das Abstecken eines geradlinigen Tunnels besteht in der fortgesetzten Anwendung des in 52.2 geschilderten Verlängerungsverfahrens. Beschreibt die Tunnelachse einen Bogen, so wird sie mit Hilfe eines Sehnenpolygons [53.2] abgesteckt. Fast immer ist die Absteckung auf der einen Seite durch den laufenden Baubetrieb, auf der anderen Seite durch die von Luftfeuchtigkeit und Temperaturgefälle hervorgerufenen Refraktionsstörungen erschwert, so daß von Zeit zu Zeit eine Überprüfung in der in 53.3 am Schluß geschilderten Weise erforderlich ist. Da ein Tunnel mindestens von zwei Seiten aus vorgetrieben wird, müssen alle Längen-, Richtungs- und Höhenmessungen mit höchster Sorgfalt unter

Beachtung aller Instrumentalfehler und gewöhnlich auch mit größter Schnelligkeit durchgeführt werden. Bei Tunnels im Hochgebirge muß u. U. noch die Lotablenkung durch die Massen der umliegenden Berge in Rechnung gestellt werden.

59.4 Überwachung von Bauwerken. Bei allen größeren Bauwerken ist von Baubeginn an mit Setzungen zu rechnen. Die Bauwerke können ferner im Laufe der Zeit unter dem Einfluß von Temperatur, Feuchtigkeit und Bodenbewegungen Deformationen erleiden. Zur Überwachung dieser Erscheinungen werden Kontrollbolzen in Horizontal- und Vertikalreihen über das Bauwerk verteilt. Für die Kontrollbolzen werden von Festpunkten aus, die mindestens ein Jahr vor Baubeginn an sicheren Standorten eingebracht sein sollen, die Raumkoordinaten (x, y, z) bestimmt und in geeigneten Zeitabständen überprüft. Aus den Änderungsbeträgen Δx, Δy und Δz kann dann auf Bewegungen oder Veränderungen des Baukörpers geschlossen werden.

Ist z. B. eine Staumauer zu überwachen, so läßt man Kontrollbolzen auf der Mauerkrone und an der Mauerfront ein. Die Bolzen auf der Mauerkrone überprüft man ihrer Höhe nach durch ein Feinivellement über die Mauer. Durchbiegungen der Mauer, wie sie beim Aufstau eintreten können, lassen sich erfassen, indem man über dem Bolzen im Scheitelpunkt der Mauer eine verschiebbare Zielmarke aufstellt und diese zwischen zwei außerhalb der Mauer im festen Gestein verankerten Kontrollmarken einfluchtet. Die feinmechanischen Firmen bieten dazu sogenannte Talsperrenmeßgeräte an, die aus einer Kombination eines leistungsstarken Fernrohrs mit besonders ausgebildeten Zielmarken bestehen. Die Kontrollbolzen an der Mauerfront werden mit einem sorgfältig zentrierten und orientierten Feinmeßtheodolit von zwei auf festem Boden dauerhaft errichteten Betonpfeilern aus ihrer Lage nach durch Vorwärtseinschneiden und ihrer Höhe nach mit Hilfe der trigonometrischen Höhenmessung bestimmt und kontrolliert.

Etwaige Höhenänderungen erkennt man durch Vergleichen der Zenitdistanzen. Lageänderungen der Mauerbolzen bewirken, daß zu verschiedenen Beobachtungszeiten verschiedene Richtungen erhalten werden. Zur Auswertung der Richtungsdifferenzen fertigt man zunächst einen genauen Grundriß des Bolzen- und Pfeilersystems etwa im Maßstab 1 : 500. Sodann berechnet man die den Richtungsdifferenzen δ_i entsprechenden seitlichen Verschiebungen d_i [52.5] und zieht im Plan unter Beachtung des Vorzeichens der δ_i bzw. d_i in 10-fach vergrößertem Abstand d_i Parallelen zu den Strahlen, die den Zielpunkt P_i im Grundriß festlegen. Die Parallelen mögen sich in Q_i schneiden; dann kann der Verschiebungsvektor PQ in 10-fach vergrößertem Maßstab aus dem Plan entnommen und in seine Komponenten zerlegt werden.

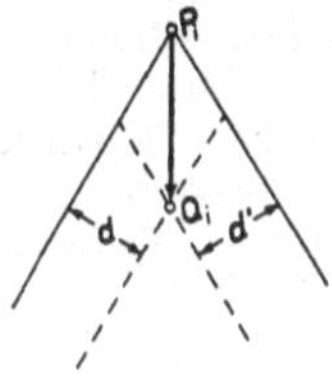

Bild 97.

Bei allen Absteckungs- und Überwachungsmessungen bedarf es zum Erzielen eines vollen Erfolges einer intensiven und vor allem rechtzeitig einsetzenden Zusammenarbeit von Bau- und Vermessungsingenieuren, damit schon im Interesse der Wirtschaftlichkeit die Reihenfolge von Bauarbeiten und Messungen festgelegt und die Durchführbarkeit gesichert wird. Gleichzeitig muß geklärt werden, welche Meßgenauigkeit notwendig, hinreichend und wirtschaftlich tragbar ist.

Schrifttum

Eine Auswahl neuerer geodätischer Lehr- und Handbücher ist in Bd. I und II jeweils auf der letzten Seite angegeben. Darüber hinaus wird auf die nachstehenden Sonderveröffentlichungen verwiesen.

Zu 1) und 2) Trigometrische und barometrische Höhenmessung

Jordan-Hammer: Barometrische Höhentafeln. 5. Auflage, Stuttgart 1944, Metzler.

Robitzsch: Ausführliche barometrische Reduktions- und Höhentafeln. Leipzig 1939, Keller.

Sandig: Untersuchung eines Askania-Mikrobarometers, München 1955, Deutsche Geodätische Kommission.

Pötzschner: Höhenmessung mit Feinbarometern. Hannover 1955, Niedersächsisches Landesvermessungsamt.

Zu 3) und 4) Tachymetrische und topographische Instrumente und Verfahren

von Gruber: Optische Distanzmessung und Polygonierung. 2. Auflage, Berlin 1955, Wichmann.

Handbuch für die topographische Aufnahme der deutschen Grundkarte. Stuttgart 1956, Landesvermessungsamt Baden-Württemberg.

Jordan-Gotthardt: Hilfstafeln für Tachymetrie. 13. Auflage, Stuttgart 1952, Metzler. (Für Sexagesimalteilung.)

Jadanza-Hammer: Tachymetertafeln für zentisimale Winkelteilung. Stuttgart 1909, Wittwer.

Reger: Tachymetertafeln für neue Teilung. Stuttgart 1942, Metzler.

Prokes: Tachymetertafeln Tata 100. Berlin-Grunewald 1943, Wichmann.

Zu 5) Absteckungen

Sarazin-Oberbeck-Höfer: Taschenbuch zum Abstecken von Kreisbögen für Altgrad. 70. Auflage, Berlin 1943, Springer.

Höfer: Taschenbuch zum Abstecken von Kreisbögen für Teilung des Kreises in 400^g. 4. Auflage, Berlin 1954, Springer.

Matthews: Gleistechnische Blätter. Bundesbahndirektion Hannover 1953.

Schramm: Bogengestaltung und Bogenabsteckung. Berlin-Bielefeld-München 1949, Schmidt.

Schramm: Der Gleisbogen. 3. Auflage, Darmstadt 1959, Elsner.

Kasper-Schürba-Lorenz: Die Klothoide als Trassierungselement. 2. Auflage, Bonn 1956, Dümmler.

Krenz-Osterloh: Klothoiden-Taschenbuch. 3. Auflage, Wiesbaden 1959, Bauverlag.

Voss: Geodätische Messungen bei der Errichtung und Überprüfung von Brücken. Dissertation Universität Bonn 1953.

Ulbrich: Geodätische Deformationsmessungen an Staumauern und Großbauwerken. Österr. Zeitschrift f. Vermessungswesen, Sonderheft, Wien 1956.

Untersee: Die Geodätische Methode zur Ermittlung der räumlichen Deformation von Staumauern. Schweizerische Landestopographie, Wabern bei Bern 1951.

Bögen im Straßenbau. Zwei Trassierungshefte der Allgemeinen Vermessungsnachrichten. Verlag Wichmann, Berlin-Grunewald 1957.

Sachverzeichnis

Inhaltsübersicht

Geisteswissenschaften

Philosophie

Einführung in die Philosophie von *H. Leisegang* †. 3. Auflage. 145 Seiten. 1957. (*281*)

Hauptprobleme der Philosophie von *G. Simmel* †. 7., unveränderte Auflage. 177 Seiten. 1950. (*500*)

Geschichte der Philosophie

I: Die griechische Philosophie von *W. Capelle*. 1. Teil. Von Thales bis Leukippos. 2., erweiterte Auflage. 135 Seiten. 1953. (*857*)

II: Die griechische Philosophie von *W. Capelle*. 2. Teil. Von der Sophistik bis zum Tode Platons. 2., stark erweiterte Auflage. 144 Seiten. 1953. (*858*)

III: Die griechische Philosophie von *W. Capelle*. 3. Teil. Vom Tode Platons bis zur Alten Stoa. 2., stark erweiterte Auflage. 132 Seiten. 1954. (*859*)

IV: Die griechische Philosophie von *W. Capelle*. 4. Teil. Von der Alten Stoa bis zum Eklektizismus im 1. Jahrh. v. Chr. 2., stark erweiterte Auflage. 132 Seiten. 1954. (*863*)

V: Die Philosophie des Mittelalters von *J. Koch*. In Vorbereitung. (*826*)

VI: Von der Renaissance bis Kant von *K. Schilling*. 234 Seiten. 1954. (*394/394a*)

VII: Immanuel Kant von *G. Lehmann*. In Vorbereitung. (*536*)

VIII: Die Philosophie des 19. Jahrhunderts von *G. Lehmann*. 1. Teil. 151 Seiten. 1953. (*571*)

IX: Die Philosophie des 19. Jahrhunderts von *G. Lehmann*. 2. Teil. 168 Seiten. 1953. (*709*)

X: Die Philosophie im ersten Drittel des 20. Jahrhunderts I von *G. Lehmann*. 128 Seiten. 1957. (*845*)

Die geistige Situation der Zeit (1931) von *K. Jaspers*. 4., unveränderter Abdruck der 1932 bearbeiteten 5. Auflage. 211 Seiten. 1955. (*1000*)

Erkenntnistheorie von *G. Kropp*

I. Teil: Allgemeine Grundlegung. 143 Seiten. 1950. (*807*)

Formale Logik von *P. Lorenzen*. 165 Seiten. 1958. (*1176/1176a*)

Philosophisches Wörterbuch von *M. Apel* †. 5., völlig neubearbeitete Auflage von *P. Ludz*. 315 Seiten. 1958. (*1031/1031a*)

Philosophische Anthropologie. Menschliche Selbstdeutung in Geschichte und Gegenwart von *M. Landmann*. 266 Seiten. 1955. (*156/156a*)

Pädagogik, Psychologie, Soziologie

Geschichte der Pädagogik von *Herm. Weimer*. 13., durchgesehene und vermehrte Auflage von *Heinz Weimer*. 178 Seiten. 1958. (*145*)

Therapeutische Psychologie. Ihr Weg durch die Psychoanalyse von *W. M. Kranefeldt*. Mit einer Einführung von *C. G. Jung*. 3. Auflage. 152 Seiten. 1956. (*1034*)

GEISTESWISSENSCHAFTEN

Allgemeine Psychologie von *Th. Erismann*. 3 Bände.
I: Grundprobleme. 2., neubearbeitete Auflage. 146 Seiten. 1958. (*831*)
II: Grundarten des psychischen Geschehens. 248 Seiten. 1959. (*832/832a*)
III: Psychologie der Persönlichkeit. In Vorbereitung. (*833*)

Soziologie. Geschichte und Hauptprobleme von *L. von Wiese*. 5. Auflage. 162 Seiten. 1954. (*101*)

Sozialpsychologie von *P. R. Hofstätter*. 181 Seiten, 15 Abbildungen, 22 Tabellen. 1956. (*104/104a*)

Empirische Sozialforschung von *G. K. Specht*. 1959. In Vorbereitung. (*1175*)

Psychologie des Berufs- und Wirtschaftslebens von *W. Moede* †. 190 Seiten, 48 Abbildungen. 1958. (*851/851a*)

Industrie- und Betriebssoziologie von *R. Dahrendorf*. 120 Seiten. 1956. (*103*)

Religionswissenschaften

Jesus von *M. Dibelius* †. 2. Auflage. Unveränderter Nachdruck. 141 Seiten. 1949. (*1130*)

Paulus von *M. Dibelius* †. Nach dem Tode des Verfassers herausgegeben und zu Ende geführt von *W. G. Kümmel*. 2., durchgesehene Auflage. 155 Seiten. 1956. (*1160*)

Luther von *F. Lau*. 151 Seiten. 1959. (*1187*)

Römische Religionsgeschichte von *F. Altheim*. 2 Bände. 2., umgearbeitete Auflage.
I: Grundlagen und Grundbegriffe. 116 Seiten. 1956. (*1035*)
II: Der geschichtliche Ablauf. 164 Seiten. 1956. (*1052*)

Geschichte Israels. Von den Anfängen bis zur Zerstörung des Tempels (70 n. Chr.) von *E. L. Ehrlich*. 158 Seiten, 1 Tafel. 1958. (*231/231a*)

Musik

Musikästhetik von *H. J. Moser*. 180 Seiten. Mit zahlreichen Notenbeispielen. 1953. (*344*)

Systematische Modulation von *R. Hernried*. 2. Auflage. 136 Seiten. Mit zahlreichen Notenbeispielen. 1950. (*1094*)

Der polyphone Satz von *E. Pepping*. 2 Bände.
I: Der cantus-firmus-Satz. 2. Auflage. 223 Seiten. Mit zahlreichen Notenbeispielen. 1950. (*1148*)
II: Übungen im doppelten Kontrapunkt und im Kanon. 137 Seiten. Mit zahlreichen Notenbei pielen. 1957. (*1164/1164a*)

Allgemeine Musiklehre von *H. J. Moser*. 2., durchgesehene Auflage. 155 Seiten. Mit zahlreichen Notenbeispielen. 1955. (*220/220a*)

Harmonielehre von *H. J. Moser*. 2 Bände.
I: 109 Seiten. Mit 120 Notenbeispielen. 1954. (*809*)

Die Musik des 19. Jahrhunderts von *W. Oehlmann*. 180 Seiten. 1953. (*170*)

Die Musik des 20. Jahrhunderts von *W. Oehlmann*. 1959. In Vorbereitung. (*171/171a*)

Technik der deutschen Gesangskunst von *H. J. Moser*. 3., durchgesehene und verbesserte Auflage. 144 Seiten, 5 Figuren sowie Tabellen und Notenbeispiele. 1954. (*576/576a*)

Die Kunst des Dirigierens von *H. W. von Waltershausen* †. 2., vermehrte Auflage. 138 Seiten. Mit 19 Notenbeispielen. 1954. (*1147*)

Die Technik des Klavierspiels aus dem Geiste des musikalischen Kunstwerkes von *K. Schubert* †. 3. Auflage. 110 Seiten. Mit Notenbeispielen. 1954. (*1045*)

Kunst

Stilkunde von *H. Weigert*. 2 Bände. 3., durchgesehene und ergänzte Auflage.
- I: Vorzeit, Antike, Mittelalter. 136 Seiten, 94 Abbildungen. 1958. (*80*)
- II: Spätmittelalter und Neuzeit. 150 Seiten, 88 Abbildungen. 1958. (*781*)

Archäologie von *A. Rumpf*. 2 Bände.
- I: Einleitung, historischer Überblick. 143 Seiten, 6 Abbildungen, 12 Tafeln. 1953. (*538*)
- II: Die Archäologensprache. Die antiken Reproduktionen. 136 Seiten, 7 Abbildungen, 12 Tafeln. 1956. (*539*)

Geschichte

Einführung in die Geschichtswissenschaft von *P. Kirn*. 3., durchgesehene Auflage. 128 Seiten. 1959. (*270*)

Zeitrechnung der römischen Kaiserzeit, des Mittelalters und der Neuzeit für die Jahre 1—2000 n. Chr. von *H. Lietzmann* †. 3. Auflage, durchgesehen von *K. Aland*. 130 Seiten. 1956. (*1085*)

Kultur der Urzeit von *F. Behn*. 3 Bände. 4. Auflage der Kultur der Urzeit Bd. 1—3 von *M. Hoernes*.
- I: Die vormetallischen Kulturen. (Die Steinzeiten Europas. Gleichartige Kulturen in anderen Erdteilen.) 172 Seiten, 48 Abbildungen. 1950. (*564*)
- II: Die älteren Metallkulturen. (Der Beginn der Metallbenutzung. Kupfer- und Bronzezeit in Europa, im Orient und in Amerika.) 160 Seiten, 67 Abbildungen. 1950. (*565*)
- III: Die jüngeren Metallkulturen. (Das Eisen als Kulturmetall, Hallstatt-Latène-Kultur in Europa. Das erste Auftreten des Eisens in den anderen Weltteilen.) 149 Seiten, 60 Abbildungen. 1950. (*566*)

Vorgeschichte Europas von *F. Behn*. Völlig neue Bearbeitung der 7. Auflage der „Urgeschichte der Menschheit" von *M. Hoernes*. 125 Seiten, 47 Abbildungen. 1949. (*42*)

Der Eintritt der Germanen in die Geschichte von *J. Haller* †. 3. Auflage, durchgesehen von *H. Dannenbauer*. 120 Seiten, 6 Kartenskizzen. 1957. (*1117*)

Von den Karolingern zu den Staufern. Die altdeutsche Kaiserzeit (900—1250) von *J. Haller* †. 4., durchgesehene Auflage von *H. Dannenbauer*. 142 Seiten, 4 Karten. 1958. (*1065*)

Deutsche Geschichte im Zeitalter der Reformation, der Gegenreformation und des dreißigjährigen Krieges von *F. Hartung*. 129 Seiten. 1951. (*1105*)

Deutsche Geschichte von 1648—1740. Politischer und geistiger Wiederaufbau von *W. Treue*. 120 Seiten. 1956. (*35*)

Deutsche Geschichte von 1713—1806 von *W. Treue*. 168 Seiten. 1957. (*39*)

Deutsche Geschichte von 1807—1871 von *W. Treue*. In Vorbereitung. (*893*)

Deutsche Geschichte von 1871 bis zur Gegenwart von *W. Treue.* In Vorbereitung (*894*)

Quellenkunde der Deutschen Geschichte im Mittelalter (bis zur Mitte des 15. Jahrhunderts) von *K. Jacob* †. 3 Bände.
- I: Einleitung. Allgemeiner Teil. Die Zeit der Karolinger. 6., neubearbeitete Auflage von *H. Hohenleutner.* In Vorbereitung. (*279*)
- II: Die Kaiserzeit (911—1250). 5., neubearbeitete Auflage von *H. Hohenleutner.* 1959. In Vorbereitung. (*280*)
- III: Das Spätmittelalter (vom Interregnum bis 1500). Herausgegeben von *F. Weden.* 152 Seiten. 1952. (*284*)

Geschichte Englands von *H. Preller.* 2 Bände.
- I: bis 1815. 3., stark umgearbeitete Auflage. 135 Seiten, 7 Stammtafeln, 2 Karten. 1952. (*375*)
- II: Von 1815 bis 1910. 2., völlig umgearbeitete Auflage. 118 Seiten, 1 Stammtafel, 7 Karten. 1954. (*1088*)

Römische Geschichte von *F. Altheim.* 4 Bände. 2., verbesserte Auflage.
- I: Bis zur Schlacht bei Pydna (168 v. Chr.). 124 Seiten. 1956. (*19*)
- II: Bis zur Schlacht bei Actium (31 v. Chr.). 129 Seiten. 1956. (*677*)
- III: Bis zur Schlacht an der Milvischen Brücke (312 n. Chr.). 148 Seiten. 1958. (*679*)
- IV: Bis zur Schlacht am Yarmuk (636 n. Chr.). In Vorbereitung. (*684*)

Geschichte der Vereinigten Staaten von Amerika von *O. Graf zu Stolberg-Wernigerode.* 192 Seiten, 10 Karten. 1956. (*1051/1051a*)

Deutsche Sprache und Literatur

Geschichte der Deutschen Sprache von *H. Sperber.* 3. Auflage, besorgt von *W. Fleischbauer.* 128 Seiten. 1958. (*915*)

Deutsches Rechtschreibungswörterbuch von *M. Gottschald* †. 2., verbesserte Auflage. 219 Seiten. 1953. (*200/200a*)

Deutsche Wortkunde. Eine kulturgeschichtliche Betrachtung des deutschen Wortschatzes von *A. Schirmer.* 3., durchgesehene Auflage. 109 Seiten. 1949. (*929*)

Deutsche Sprachlehre von *W. Hofstaetter.* 9., neubearbeitete Auflage von *G. Spree.* 144 Seiten. 1953. (*20*)

Stimmkunde für Beruf, Kunst und Heilzwecke von *H. Biehle.* 111 Seiten. 1955. (*60*)

Redetechnik. Einführung in die Rhetorik von *H. Biehle.* 115 Seiten. 1954. (*61*)

Sprechen und Sprachpflege (Die Kunst des Sprechens) von *H. Feist.* 2., verbesserte Auflage. 99 Seiten, 25 Abbildungen. 1952. (*1122*)

Deutsches Dichten und Denken von der germanischen bis zur staufischen Zeit von *H. Naumann* †. (Deutsche Literatur vom 5.—13. Jahrhundert.) 2., verbesserte Auflage. 166 Seiten. 1952. (*1121*)

Deutsches Dichten und Denken vom Mittelalter zur Neuzeit von *G. Müller* (1270 bis 1700). 2., durchgesehene Auflage. 159 Seiten. 1949. (*1086*)

Deutsches Dichten und Denken von der Aufklärung bis zum Realismus (Deutsche Literaturgeschichte von 1700—1890) von *K. Viëtor* †. 3., durchgesehene Auflage. 159 Seiten. 1958. (*1096*)

Der Nibelunge Nôt in Auswahl mit kurzem Wörterbuch von *K. Langosch.* 10., durchgesehene Auflage. 164 Seiten. 1956. (*1*)

Kudrun- und Dietrich-Epen in Auswahl mit Wörterbuch von *O. L. Jiriczek.* 6. Auflage, bearbeitet von *R. Wisniewski.* 173 Seiten. 1957. (*10*)

Wolfram von Eschenbach. Parzival. Eine Auswahl mit Anmerkungen und Wörterbuch von *H. Jantzen.* 2. Auflage, bearbeitet von *H. Kolb.* 128 Seiten. 1957. (*921*)

Hartmann von Aue. Der arme Heinrich nebst einer Auswahl aus der „Klage", dem „Gregorius" und den Liedern (mit einem Wörterverzeichnis) herausgegeben von *F. Maurer.* 96 Seiten. 1958. (*18*)

Gottfried von Strassburg von *F. Maurer.* 142 Seiten. 1959. (*22*)

Die deutschen Personennamen von *M. Gottschald* †. 2., verbesserte Auflage. 151 Seiten. 1955. (*422*)

Althochdeutsches Elementarbuch. Grammatik und Texte von *H. Naumann* † und *W. Betz.* 2., verbesserte und vermehrte Auflage. 156 Seiten. 1954. (*1111*)

Mittelhochdeutsche Grammatik von *H. de Boor* und *R. Wisniewski.* 141 Seiten. 1956. (*1108*)

Indogermanisch, Germanisch

Indogermanische Sprachwissenschaft von *H. Krahe.* 2 Bände. 3., neubearbeitete Aufl.
I: Einleitung und Lautlehre. 106 Seiten. 1958. (*59*)
II: Formenlehre. 100 Seiten. 1959. (*64*)

Gotisches Elementarbuch. Grammatik, Texte mit Übersetzung und Erläuterungen mit einer Einleitung von *H. Hempel.* 2., umgearbeitete Aufl. 165 Seiten. 1953. (*79*)

Germanische Sprachwissenschaft von *H. Krahe.* 2 Bände. 3., neubearbeitete Auflage.
I: Einleitung und Lautlehre. 147 Seiten. 1956. (*238*)
II: Formenlehre. 149 Seiten. 1957. (*780*)

Altnordisches Elementarbuch. Schrift, Sprache, Texte mit Übersetzung und Wörterbuch von *F. Ranke.* 2., durchgesehene Auflage. 146 Seiten. 1949. (*1115*)

Englisch, Romanisch

Altenglisches Elementarbuch von *M. Lehnert.* Einführung, Grammatik, Texte mit Übersetzung und Wörterbuch. 4., verbesserte Auflage. 178 Seiten. 1959. (*1125*)

Historische neuenglische Laut- und Formenlehre von *E. Ekwall.* 3., durchgesehene Auflage. 150 Seiten. 1956. (*735*)

Englische Phonetik von *H. Mutschmann* †. 117 Seiten. 1956. (*601*)

Englische Literaturgeschichte von *F. Schubel.* 4 Bände.
I: Die alt- und mittelenglische Periode. 163 Seiten. 1954. (*1114*)
II: Von der Renaissance bis zur Aufklärung. 160 Seiten. 1956. (*1116*)
III: Romantik und Viktorianismus. 1959. In Vorbereitung. (*1124*)

Beowulf von *M. Lehnert*. Eine Auswahl mit Einführung, teilweiser Übersetzung, Anmerkungen und etymologischem Wörterbuch. 3., verbesserte Auflage. 135 Seiten. 1959. (*1135*)

Shakespeare von *P. Meißner* †. 2. Auflage, neubearbeitet von *M. Lehnert*. 136 Seiten. 1954. (*1142*)

Italienische Literaturgeschichte von *K. Voßler* †. Unveränderter Nachdruck der 1927 erschienenen 4., durchgesehenen und verbesserten Auflage. 148 Seiten. 1948. (*125*)

Romanische Sprachwissenschaft von *H. Lausberg*. 2 Bände.
I: Einleitung und Vokalismus. 160 Seiten. 1956. (*128/128a*)
II: Konsonantismus. 95 Seiten. 1956. (*250*)

Griechisch, Lateinisch

Griechische Sprachwissenschaft von *W. Brandenstein*. 2 Bände.
I: Einleitung, Lautsystem, Etymologie. 160 Seiten. 1954. (*117*)
II: Wortbildung und Formenlehre. 192 Seiten. 1959. (*118/118a*)

Geschichte der griechischen Sprache. 2 Bände.
I: Bis zum Ausgang der klassischen Zeit von *O. Hoffmann* †. 3. Auflage bearbeitet von *A. Debrunner* †. 156 Seiten. 1953. (*111*)
II: Grundfragen und Grundzüge des nachklassischen Griechisch von *A. Debrunner* †. 144 Seiten. 1954. (*114*)

Geschichte der lateinischen Sprache von *F. Stolz* †. 3., stark umgearbeitete Auflage von *A. Debrunner* †. 136 Seiten. 1953. (*492*)

Hebräisch, Sanskrit, Russisch

Hebräische Grammatik von *G. Beer* †. 2 Bände. 2., völlig neubearbeitete Auflage von *R. Meyer*.
I: Schrift-, Laut- und Formenlehre I. 157 Seiten. 1952. (*763/763a*)
II: Formenlehre II. Syntax und Flexionstabellen. 195 Seiten. 1955. (*764/764a*)

Hebräisches Textbuch von *R. Meyer*. In Vorbereitung. (*769/769a*)

Sanskrit-Grammatik von *M. Mayrhofer*. 89 Seiten. 1953. (*1158*)

Russische Grammatik von *E. Berneker* †. 6., unveränderte Auflage von *M. Vasmer*. 155 Seiten. 1947. (*66*)

Erd- und Länderkunde

Afrika von *F. Jaeger*. Ein geographischer Überblick. 2 Bände. 2., umgearbeitete Auflage.
I: Der Lebensraum. 179 Seiten, 18 Abbildungen. 1954. (*910*)
II: Mensch und Kultur. 155 Seiten, 6 Abbildungen. 1954. (*911*)

Australien und Ozeanien von *H. J. Krug*. 176 Seiten, 46 Skizzen. 1953. (*319*)

Volkswirtschaft, Statistik, Publizistik

Allgemeine Betriebswirtschaftslehre von *K. Mellerowicz*. 4 Bände. 10., erweiterte und veränderte Auflage.
I: 224 Seiten. 1958. (*1008/1008a*)
II: 188 Seiten. 1959. (*1153/1153a*)
III: 260 Seiten. 1959. (*1154/1154a*)
IV: 209 Seiten. 1959. (*1186/1186a*)
Diese 4 Bände sind auch in Ganzleinen gebunden zum Preise von je DM 6,30 lieferbar.

Allgemeine Volkswirtschaftslehre von *A. Paulsen*. 4 Bände.
I: Grundlegung, Wirtschaftskreislauf. 3., durchgesehene und ergänzte Auflage. 148 Seiten. 1959. (*1169*)
II: Haushalte, Unternehmungen, Marktformen. 2., durchgesehene und ergänzte Auflage. 164 Seiten, 32 Abbildungen. 1958. (*1170*)
III: Produktionsfaktoren, Geldwesen. 184 Seiten. 1959. (*1171*)
IV: Gesamtbeschäftigung, Konjunktur, Wachstum. In Vorbereitung. (*1172*)

Finanzwissenschaft von *H. Kolms*. 4 Bände.
I: Grundlegung. Öffentliche Ausgaben. 160 Seiten. 1959. (*148*)
II: Erwerbseinkünfte, Gebühren und Beiträge; Allgemeine Steuerlehre. 1959. In Vorbereitung. (*391*)
III: Besondere Steuerlehre. In Vorbereitung. (*776*)
IV: Öffentlicher Kredit. Haushaltswesen. Finanzausgleich. In Vorbereitung. (*782*)

Finanzmathematik von *M. Nicolas*. 192 Seiten, 11 Tafeln, 8 Tabellen und 72 Beispiele. 1959. (*1183/1183a*)

Industrie- und Betriebssoziologie von *R. Dahrendorf*. 120 Seiten. 1956. (*103*)

Psychologie des Berufs- und Wirtschaftslebens von *W. Moede* †. 190 Seiten. 48 Abbildungen. 1958. (*851/851a*)

Allgemeine Methodenlehre der Statistik von *J. Pfanzagl*. 2 Bände.
I: 1959. In Vorbereitung. (*746/746a*)

Zeitungslehre von *E. Dovifat*. 2 Bände. 3., neubearbeitete Auflage.
I: Theoretische und rechtliche Grundlagen — Nachricht und Meinung — Sprache und Form. 148 Seiten. 1955. (*1039*)
II: Redaktion — Die Sparten: Verlag und Vertrieb, Wirtschaft und Technik, Sicherung der öffentlichen Aufgabe. 158 Seiten. 1955. (*1040*)

Naturwissenschaften

Mathematik

Geschichte der Mathematik von J. E. Hofmann. 3 Bände.
I: Von den Anfängen bis zum Auftreten von Fermat und Descartes. 200 Seiten. 1953. (*226*)
II: Von Fermat und Descartes bis zur Erfindung des Calculus und bis zum Ausbau der neuen Methoden. 109 Seiten. 1957. (*875*)
III: Von den Auseinandersetzungen um den Calculus bis zur französischen Revolution. 107 Seiten. 1957. (*882*)

NATURWISSENSCHAFTEN

Mathematische Formelsammlung von *F. Ringleb.* Vollständig umgearbeitete Neuausgabe des Werkes von *O. Th. Bürklen* †. 6., erweiterte Auflage. 278 Seiten, 37 Fig. 1956. (*51/51a*)

Fünfstellige Logarithmen von *A. Adler.* Mit mehreren graphischen Rechentafeln und häufig vorkommenden Zahlenwerten. 3. Auflage. 127 Seiten, 1 Tafel. 1959. (*423*)

Arithmetik von *P. B. Fischer* †. 3. Auflage von *H. Rohrbach.* 152 Seiten, 19 Abbildungen. 1958. (*47*)

Höhere Algebra von *H. Hasse.* 2 Bände. 4., durchgesehene Auflage.
I: Lineare Gleichungen. 152 Seiten. 1957. (*931*)
II: Gleichungen höheren Grades. 158 Seiten, 5 Figuren. 1958. (*932*)

Aufgabensammlung zur höheren Algebra von *H. Hasse* und *W. Klobe.* 2., verbesserte und vermehrte Auflage. 181 Seiten. 1952. (*1082*)

Elementare und klassische Algebra vom modernen Standpunkt von *W. Krull.* 2 Bände.
I: 2., erweiterte Auflage. 136 Seiten. 1952. (*930*)
II: 132 Seiten. 1959. (*933*)

Einführung in die Zahlentheorie von *A. Scholz* †. Überarbeitet und herausgegeben von *B. Schoeneberg.* 2. Auflage. 128 Seiten. 1955. (*1131*)

Formale Logik von *P. Lorenzen.* 165 Seiten. 1958. (*1176/1176a*)

Elemente der Funktionentheorie von *K. Knopp* †. 4. Auflage. 144 Seiten, 23 Figuren. 1955. (*1109*)

Funktionentheorie von *K. Knopp* †. 2 Bände.
I: Grundlagen der allgemeinen Theorie der analytischen Funktionen. 9., neubearbeitete Auflage. 144 Seiten, 8 Figuren. 1957. (*668*)
II: Anwendungen und Weiterführung der allgemeinen Theorie. 8./9. Auflage. 130 Seiten, 7 Figuren. 1955. (*703*)

Aufgabensammlung zur Funktionentheorie von *K. Knopp* †. 2 Bände.
I: Aufgaben zur elementaren Funktionentheorie. 5. Auflage. 135 Seiten. 1957. (*877*)
II: Aufgaben zur höheren Funktionentheorie. 5. Auflage. 144 Seiten. 1959. (*878*)

Gewöhnliche Differentialgleichungen von *G. Hoheisel.* 5., durchgesehene Auflage. 129 Seiten. 1956. (*920*)

Partielle Differentialgleichungen von *G. Hoheisel.* 3., neubearbeitete Auflage. 130 S iten. 1953. (1003)

Aufgabensammlung zu den gewöhnlichen und partiellen Differentialgleichungen von *G. Hoheisel.* 3., durchgesehene und verbesserte Auflage. 124 Seiten. 1958. (*1059*)

Integralgleichungen von *G. Hoheisel.* 2., durchgesehene Auflage. 1959. In Vorbereitg. (*1099*)

Mengenlehre von *E. Kamke.* 3., neubearbeitete Auflage. 194 Seiten, 6 Figuren. 1955. (*999/999a*)

Gruppentheorie von *L. Baumgartner.* 3., neubearbeitete Auflage. 110 Seiten, 3 Tafeln. 1958. (*837*)

Ebene und sphärische Trigonometrie von *G. Hessenberg*†. 5. Auflage, durchgesehen von *H. Kneser.* 172 Seiten, 60 Figuren. 1957. (*99*)

Darstellende Geometrie von *W. Haack*. 3 Bände.
I: Die wichtigsten Darstellungsmethoden. Grund- und Aufriß ebenflächiger Körper. 2., durchgesehene und ergänzte Auflage. 113 Seiten, 120 Abbildungen. 1958. (*142*)
II: Körper mit krummen Begrenzungsflächen. Kotierte Projektionen. 2., durchgesehene und ergänzte Auflage. 129 Seiten, 86 Abbildungen. 1959. (*143*)
III: Axonometrie und Perspektive. 127 Seiten, 100 Abbildungen. 1957. (*144*)

Analytische Geometrie von *K. P. Grotemeyer*. 202 Seiten, 73 Abbildungen. 1958. (*65/65a*)

Nichteuklidische Geometrie. Hyperbolische Geometrie der Ebene von *R. Baldus* †. Durchgesehen und herausgegeben von *F. Löbell*. 3., verbesserte Auflage. 140 Seiten, 70 Figuren. 1953. (*970*)

Differentialgeometrie von *K. Strubecker* (früher *Rothe*). 3 Bände.
I: Kurventheorie der Ebene und des Raumes. 150 Seiten, 18 Figuren. 1955. (*1113/1113a*)
II: Theorie der Flächenmetrik. 195 Seiten, 14 Figuren. 1958. (*1179/1179a*)
III: Theorie der Flächenkrümmung. 254 Seiten, 38 Figuren. 1959. (*1180/1180a*)

Einführung in die konforme Abbildung von *L. Bieberbach*. 5., erweiterte Auflage. 180 Seiten, 42 Figuren. 1956. (*768/768a*)

Vektoren und Matrizen von *S. Valentiner*. 8., erweiterte Auflage der „Vektoranalysis". Mit Anhang: Aufgaben zur Vektorrechnung von *H. König*. 202 Seiten, 35 Figuren. 1958. (*354/354a*)

Versicherungsmathematik von *F. Böhm*. 2 Bände.
I: Elemente der Versicherungsrechnung. 3., vermehrte und verbesserte Auflage. Durchgesehener Neudruck. 151 Seiten. 1953. (*180*)
II: Lebensversicherungsmathematik. Einführung in die technischen Grundlagen der Sozialversicherung. 2., verbesserte und vermehrte Auflage. 205 Seiten. 1953. (*917/917a*)

Finanzmathematik von *M. Nicolas*. 192 Seiten, 11 Tafeln, 8 Tabellen und 72 Beispiele. 1959. (*1183/1183a*)

Physik

Einführung in die theoretische Physik von *W. Döring*. 5 Bände.
I: Mechanik. 119 Seiten, 29 Abbildungen. 1954. (*76*)
II: Das elektromagnetische Feld. 122 Seiten, 15 Abbildungen. 1955. (*77*)
III: Optik. 117 Seiten, 32 Abbildungen. 1956. (*78*)
IV: Thermodynamik. 107 Seiten, 9 Abbildungen. 1956. (*374*)
V: Statistische Mechanik. 114 Seiten, 12 Abbildungen. 1957. (*1017*)

Atomphysik von *K. Bechert* und *Ch. Gerthsen* †. 7 Bände.
I: Allgemeine Grundlagen. 1. Teil. 4., durchgesehene Auflage von *A. Flammersfeld*. 124 Seiten, 35 Abbildungen. 1959. (*1009*)
II: Allgemeine Grundlagen. 2. Teil. 3., umgearbeitete Auflage. 112 Seiten, 48 Abbildungen. 1955. (*1033*)
III: Theorie des Atombaus. 1. Teil. 3., umgearbeitete Auflage. 148 Seiten, 16 Abbildungen. 1954. (*1123/1123a*)
IV: Theorie des Atombaus. 2. Teil. 3., umgearbeitete Auflage. 170 Seiten, 14 Abbildungen. 1954. (*1165/1165a*)

Differentialgleichungen der Physik von *F. Sauter*. 3., durchgesehene und ergänzte Auflage. 148 Seiten, 16 Figuren. 1958. (*1070*)

Physikalische Formelsammlung von *G. Mahler* †. Neubearbeitet von *K. Mahler*. 10., durchgesehene Auflage. 153 Seiten, 69 Figuren. 1959. (*136*)

Physikalische Aufgabensammlung von *G. Mahler* †. Neubearbeitet von *K. Mahler*. Mit den Ergebnissen. 10., durchgesehene Auflage. 127 Seiten. 1959. (*243*)

Chemie

Geschichte der Chemie in kurzgefaßter Darstellung von *G. Lockemann*. 2 Bände.
I: Vom Altertum bis zur Entdeckung des Sauerstoffs. 142 Seiten, 8 Bildnisse. 1950. (*264*)
II: Von der Entdeckung des Sauerstoffs bis zur Gegenwart. 151 Seiten, 16 Bildnisse. 1955. (*265/265a*)

Anorganische Chemie von *W. Klemm*. 10., überarbeitete und ergänzte Auflage. 185 Seiten, 18 Abbildungen. 1958. (*37*)

Organische Chemie von *W. Schlenk*. 7., erweiterte Auflage. 269 Seiten, 16 Abbildungen. 1957. (*38/38a*)

Physikalische Methoden der Organischen Chemie von *G. Kresze*. 1959. In Vorbereitung. (*44*)

Allgemeine und physikalische Chemie von *W. Schulze*. 2 Bände. 4., neubearb. Aufl.
I: 139 Seiten, 10 Figuren. 1955. (*71*)
II: 176 Seiten, 37 Figuren. 1956. (*698/698a*)

Molekülbau. Theoretische Grundlagen und Methoden der Strukturermittlung von *W. Schulze*. 123 Seiten, 43 Figuren. 1958. (*786*)

Physikalisch-chemische Rechenaufgaben von *E. Asmus*. 3., verbesserte Auflage. 96 Seiten. 1958. (*445*)

Analytische Chemie von *J. Hoppe*. 2 Bände. 5., verbesserte Auflage.
I: Reaktionen. 135 Seiten. 1950. (*247*)

Maßanalyse. Theorie und Praxis der klassischen und der elektrochemischen Titrierverfahren von *G. Jander* und *K. F. Jahr*. 8., durchgesehene und ergänzte Auflage. 313 Seiten, 49 Figuren. 1959. (*221/221a*)

Thermochemie von *W. A. Roth* †. 2., verbesserte Auflage. 109 Seiten, 16 Figuren. 1952. (*1057*)

Stöchiometrische Aufgabensammlung von *W. Bahrdt* † und *R. Scheer*. Mit den Ergebnissen. 6., durchgesehene Auflage. 118 Seiten. 1957. (*452*)

Technologie

Die Chemie der Kunststoffe von *K. Hamann*. 1959. In Vorbereitung. (*1173*)

Warenkunde von *K. Hassak* † und *E. Beutel* †. 2 Bände.
I: Anorganische Waren sowie Kohle und Erdöl. 8. Auflage. Neubearbeitet von *A. Kutzelnigg*. 119 Seiten, 18 Figuren. 1958. (*222*)
II: Organische Waren. 7. Auflage. Neubearbeitet von *A. Kutzelnigg*. 143 Seiten, 32 Figuren. 1949. (*223*)

Die Fette und Öle von *K. Braun* †. 5., völlig neubearbeitete und verbesserte Auflage von *Th. Klug.* 145 Seiten. 1950. (*335*)

Die Seifenfabrikation von *K. Braun* †. 3., neubearbeitete und verbesserte Auflage von *Th. Klug.* 116 Seiten, 18 Abbildungen. 1953. (*336*)

Textilindustrie von *A. Blümcke.*
I: Spinnerei und Zwirnerei. 111 Seiten, 43 Abbildungen. 1954. (*184*)

Biologie

Einführung in die allgemeine Biologie und ihre philosophischen Grund- und Grenzfragen von *M. Hartmann.* 132 Seiten, 2 Abbildungen. 1956. (*96*)

Hormone von *G. Koller.* 2., neubearbeitete und erweiterte Auflage. 187 Seiten, 60 Abbildungen, 19 Tabellen. 1949. (*1141*)

Fortpflanzung im Tier- und Pflanzenreich von *J. Hämmerling.* 2., ergänzte Auflage. 135 Seiten, 101 Abbildungen. 1951. (*1138*)

Geschlecht und Geschlechtsbestimmung im Tier- und Pflanzenreich von *M. Hartmann.* 2., verbesserte Auflage. 116 Seiten, 61 Abbildungen, 7 Tabellen. 1951. (*1127*)

Symbiose der Tiere mit pflanzlichen Mikroorganismen von *P. Buchner.* 2., verbesserte und vermehrte Auflage. 130 Seiten, 121 Abbildungen. 1949. (*1128*)

Mikrobiologie von *W. Schwartz* und *A. Müller.* 2 Bände. 2., verbesserte und ergänzte Auflage.
I: 1959. In Vorbereitung. (*1155*)

Botanik

Entwicklungsgeschichte des Pflanzenreiches von *H. Heil.* 2. Auflage. 138 Seiten, 94 Abbildungen, 1 Tabelle. 1950. (*1137*)

Morphologie der Pflanzen von *L. Geitler.* 3., umgearbeitete Auflage. 126 Seiten, 114 Abbildungen. 1953. (*141*)

Pflanzengeographie von *L. Diels* †. 5., völlig neubearbeitete Auflage von *F. Mattick.* 195 Seiten, 2 Karten. 1958. (*389/389a*)

Die Laubhölzer. Kurzgefaßte Beschreibung der in Mitteleuropa gedeihenden Laubbäume und Sträucher von *F. W. Neger* † und *E. Münch* †. 3., durchgesehene Auflage, herausgegeben von *B. Huber.* 143 Seiten, 63 Figuren, 7 Tabellen. 1950. (*718*)

Die Nadelhölzer (Koniferen) und übrigen Gymnospermen von *F. W. Neger* † und *E. Münch* †. 4. Auflage, durchgesehen und ergänzt von *B. Huber.* 140 Seiten, 75 Figuren, 4 Tabellen, 3 Karten. 1952. (*355*)

Pflanzenzüchtung von *H. Kuckuck.* 2 Bände.
I: Grundzüge der Pflanzenzüchtung. 3., völlig umgearbeitete und erweiterte Auflage. 132 Seiten, 22 Abbildungen. 1952. (*1134*)
II: Spezielle gartenbauliche Pflanzenzüchtung (Züchtung von Gemüse, Obst und Blumen). 178 Seiten, 27 Abbildungen. 1957. (*1178/1178a*)

Zoologie

Entwicklungsphysiologie der Tiere von *F. Seidel.* 2 Bände.
I: Ei und Furchung. 126 Seiten, 29 Abbildungen. 1953. (*1162*)
II: Körpergrundgestalt und Organbildung. 159 Seiten, 42 Abbildungen. 1953. (*1163*)

Das Tierreich
I: Einzeller, Protozoen von *E. Reichenow.* 115 Seiten, 59 Abbildungen. 1956. (*444*)
II: Schwämme und Hohltiere von *H. J. Hannemann.* 95 Seiten, 80 Abbildungen. 1956. (*442*)
III: Würmer. Platt-, Hohl-, Schnurwürmer, Kamptozoen, Ringelwürmer, Protracheaten, Bärtierchen, Zungenwürmer von *S. Jaeckel.* 114 Seiten, 36 Abbildungen. 1955. (*439*)
IV,1: Krebse von *H. E. Gruner* und *K. Deckert.* 114 Seiten, 43 Abbildungen. 1956. (*443*)
IV,2: Spinnentiere (Trilobitomorphen, Fühlerlose) und Tausendfüßler von *A. Kaestner.* 96 Seiten, 55 Abbildungen. 1955. (*1161*)
IV,3: Insekten von *H. von Lengerken.* 128 Seiten, 58 Abbildungen. 1953. (*594*)
V: Weichtiere. Urmollusken, Schnecken, Muscheln und Kopffüßer von *S. Jaeckel.* 92 Seiten, 34 Abbildungen. 1954. (*440*)
VI: Stachelhäuter. Tentakulaten, Binnenatmer und Pfeilwürmer von *S. Jaeckel.* 100 Seiten, 46 Abbildungen. 1955. (*441*)
VII,2: Fische von *D. Lüdemann.* 130 Seiten, 65 Abbildungen. 1955. (*356*)
VII,3: Lurche (Chordatiere) von *K. Herter.* 143 Seiten, 129 Abbildungen. 1955. (*847*)
VII,4: Kriechtiere (Chordatiere) von *K. Herter.* In Vorbereitung. (*447*)
VII,5: Vögel (Chordatiere) von *H.-A. Freye.* In Vorbereitung. (*869*)
VII,6: Säugetiere (Chordatiere) von *Th. Haltenorth.* In Vorbereitung. (*282*)

Land- und Forstwirtschaft

Landwirtschaftliche Tierzucht. Die Züchtung und Haltung der landwirtschaftlichen Nutztiere von *H. Vogel.* 139 Seiten, 11 Abbildungen. 1952. (*228*)

Kulturtechnische Bodenverbesserungen von *O. Fauser.* 2 Bände.
I: Allgemeines, Entwässerung. 5., verbesserte und vermehrte Auflage. 127 Seiten, 49 Abbildungen. 1959. (*691*)
II: Bewässerung, Ödlandkultur, Umlegung. 4., neubearbeitete Auflage. 150 Seiten, 67 Abbildungen. 1948. (*692*)

Agrikulturchemie von *K. Scharrer.* 2 Bände.
I: Pflanzenernährung. 143 Seiten. 1953. (*329*)
II: Futtermittelkunde. 192 Seiten. 1956. (*330/330a*)

Geologie, Mineralogie, Kristallographie

Geologie von *F. Lotze.* 176 Seiten, 80 Abbildungen. 1955. (*13*)

Mineral- und Erzlagerstättenkunde von *H. Huttenlocher* †. 2 Bände.
I: 128 Seiten, 34 Abbildungen. 1954. (*1014*)
II: 156 Seiten, 48 Abbildungen. 1954. (*1015/1015a*)

Allgemeine Mineralogie. 10., erweiterte Auflage der „Mineralogie" von *R. Brauns* †, bearbeitet von *K. F. Chudoba*. 120 Seiten, 120 Figuren, 1 Tafel, 3 Tabellen. 1958. (*29*)

Spezielle Mineralogie. 9., erweiterte Auflage der „Mineralogie" von *R. Brauns* †, bearbeitet von *K. F. Chudoba*. 133 Seiten, 105 Figuren. 1955. (*31*)

Petrographie (Gesteinskunde) von *W. Bruhns* †. Neubearbeitet von *P. Ramdohr*. 4., durchgesehene Auflage. 104 Seiten, 10 Figuren. 1955. (*173*)

Kristallographie von *W. Bruhns* †. 5. Auflage, neubearbeitet von *P. Ramdohr*. 109 Seiten, 164 Abbildungen. 1958. (*210*)

Einführung in die Kristalloptik von *E. Buchwald*. 4., verbesserte Auflage. 138 Seiten, 121 Figuren. 1952. (*619*)

Lötrohrprobierkunde. Mineraldiagnose mit Lötrohr- und Tüpfelreaktion. Von *M. Henglein*. 3., verbesserte Auflage. 91 Seiten, 11 Figuren. 1949. (*483*)

Technik

Graphische Darstellung in Wissenschaft und Technik von *M. Pirani*. 3., erweiterte Auflage bearbeitet von *J. Fischer* unter Benutzung der von *I. Runge* besorgten 2. Auflage. 216 Seiten, 104 Abbildungen. 1957. (*728/728a*)

Technische Tabellen und Formeln von *W. Müller*. 4., verbesserte und erweiterte Auflage von *E. Schulze*. 152 Seiten, 105 Figuren. 1951. (*579*)

Elektrotechnik

Grundlagen der allgemeinen Elektrotechnik von *O. Mohr*. 3 Bände.
I: Die drei Feldformen. 96 Seiten, 41 Abbildungen, 6 Tafeln. 1956. (*196*)
II: Die wichtigsten elektrischen und physikalischen Grunderscheinungen. 95 Seiten, 36 Abbildungen, 7 Tafeln. 1956. (*197*)
III: Schaltvorgänge, Widerstandsformen, Meßtechnik. 91 Seiten, 59 Abbildungen, 1 Tafel. 1956. (*198*)

Die Gleichstrommaschine von *K. Humburg*. 2 Bände. 2., durchgesehene Auflage.
I: 102 Seiten, 59 Abbildungen. 1956. (*257*)
II: 101 Seiten, 38 Abbildungen. 1956. (*881*)

Die synchrone Maschine von *K. Humburg*. Neudruck. 109 Seiten, 78 Abbildungen. 1951. (*1146*)

Induktionsmaschinen von *F. Unger*. 2., erweiterte Auflage. 142 Seiten, 49 Abbildungen. 1954. (*1140*)

Die komplexe Berechnung von Wechselstromschaltungen von *H. H. Meinke*. 2. Auflage. 180 Seiten, 120 Abbildungen. 1957. (*1156/1156a*)

Theoretische Grundlagen zur Berechnung der Schaltgeräte von *F. Kesselring*. 3. Auflage. 144 Seiten, 92 Abbildungen. 1950. (*711*)

Einführung in die Technik selbsttätiger Regelungen von *W. zur Megede*. 176 Seiten, 86 Abbildungen. 1956. (*714/714a*)

Elektromotorische Antriebe (Grundlagen für die Berechnung) von *A. Schwaiger*. 3., neubearbeitete Auflage. 96 Seiten, 34 Abbildungen. 1952. (*827*)

Überspannungen und Überspannungsschutz von *G. Frühauf*. Durchgesehener Neudruck. 122 Seiten, 98 Abbildungen. 1950. (*1132*)

Maschinenbau

Metallkunde von *H. Borchers*. 2 Bände. 4. Auflage.
I: Aufbau der Metalle und Legierungen. 120 Seiten, 90 Abbildungen, 2 Tabellen. 1959. (*432*)
II: Eigenschaften, Grundzüge der Form- und Zustandsgebung. 180 Seiten, 107 Abbildungen, 10 Tabellen. 1959. (*433/433a*)

Die Werkstoffe des Maschinenbaues von *A. Thum* † und *C. M. v. Meysenbug*. 2 Bände.
I: Einführung in die Werkstoffprüfung. 2., neubearbeitete Auflage. 100 Seiten, 7 Tabellen, 56 Abbildungen. 1956. (*476*)
II: Die Konstruktionswerkstoffe. 132 Seiten, 40 Abbildungen. 1959. (*936*)

Dynamik von *W. Müller*. 2 Bände. 2., verbesserte Auflage.
I: Dynamik des Einzelkörpers. 128 Seiten, 48 Figuren. 1952. (*902*)
II: Systeme von starren Körpern. 102 Seiten, 41 Figuren. 1952. (*903*)

Technische Schwingungslehre von *L. Zipperer*. 2 Bände. 2., neubearbeitete Auflage.
I: Allgemeine Schwingungsgleichungen, einfache Schwinger. 120 Seiten, 101 Abbildungen. 1953. (*953*)
II: Torsionsschwingungen in Maschinenanlagen. 102 Seiten, 59 Abbildungen. 1955. (*961/961a*)

Werkzeugmaschinen für Metallbearbeitung von *K. P. Matthes*. 2 Bände.
I: 100 Seiten, 27 Abbildungen, 11 Zahlentafeln, 1 Tafelanhang. 1954. (*561*)
II: Fertigungstechnische Grundlagen der neuzeitlichen Metallbearbeitung. 101 Seiten, 30 Abbildungen, 5 Tafeln. 1955. (*562*)

Transformatoren von *W. Schäfer*. 3., überarbeitete und ergänzte Auflage. 130 Seiten, 73 Abbildungen. 1957. (*952*)

Das Maschinenzeichnen mit Einführung in das Konstruieren von *W. Tochtermann*. 2 Bände. 4. Auflage.
I: Das Maschinenzeichnen. 156 Seiten, 75 Tafeln. 1950. (*589*)
II: Ausgeführte Konstruktionsbeispiele. 130 Seiten, 58 Tafeln. 1950. (*590*)

Die Maschinenelemente von *E. A. vom Ende*. 3., verbesserte Auflage. 166 Seiten, 175 Figuren, 9 Tafeln. 1956. (*3/3a*)

Die Maschinen der Eisenhüttenwerke von *L. Engel*. 156 Seiten, 95 Abbildungen. 1957. (*583/583a*)

Walzwerke von *H. Sedlaczek* † unter Mitarbeit von *F. Fischer* und *M. Buch*. 232 Seiten, 157 Abbildungen. 1958. (*580/580a*)

Getriebelehre von *P. Grodzinski* †. 2 Bände. 2., neubearbeitete Auflage.
I: Geometrische Grundlagen. 159 Seiten, 142 Figuren. 1953. (*1061*)

Gießereitechnik von *H. Jungbluth*. 2 Bände.
I: Eisengießerei. 126 Seiten, 44 Abbildungen. 1951. (*1159*)

Die Dampfkessel und Feuerungen einschließlich Hilfseinrichtungen in Theorie, Konstruktion und Berechnung von *W. Marcard* †. 2 Bände. 2. Auflage, neubearbeitet von *K. Beck*.
I: Die theoretischen Grundlagen, Wärme, Verbrennung, Wärmeübertragung. 150 Seiten, 42 Abbildungen, 16 Tabellen. 1951. (*9*)
II: Dampfkessel. 147 Seiten, 43 Abbildungen. 1952. (*521*)

Die Dampfturbinen. Ihre Wirkungsweise, Berechnung und Konstruktion von *C. Zietemann*. 3 Bände. 3., verbesserte Auflage.
I: Theorie der Dampfturbinen. 139 Seiten, 48 Abbildungen. 1955. (*274*)
II: Die Berechnung der Dampfturbinen und die Konstruktion der Einzelteile. 132 Seiten, 111 Abbildungen. 1956. (*715*)
III: Die Regelung der Dampfturbinen, die Bauarten, Turbinen für Sonderzwecke, Kondensationsanlagen. 126 Seiten, 90 Abbildungen. 1956. (*716*)

Verbrennungsmotoren von *W. Endres*. 3 Bände.
I: Überblick. Motor-Brennstoffe. Verbrennung im Motor allgemein, im Otto- und Diesel-Motor. 153 Seiten, 57 Abbildungen. 1958. (*1076/1076a*)
II: Die heutigen Typen der Verbrennungskraftmaschinen. In Vorbereitung. (*1184*)
III: Die Einzelteile des Verbrennungsmotors. In Vorbereitung. (*1185*)

Technische Thermodynamik von *W. Nußelt* †. 2 Bände.
I: Grundlagen. 4., verbesserte Auflage. 144 Seiten, 71 Abbildungen. 1956. (*1084*)
II: Theorie der Wärmekraftmaschinen. 5. Auflage. 1959. In Vorbereitung. (*1151*)

Autogenes Schweißen und Schneiden von *H. Niese*. 5. Auflage, neubearbeitet von *A. Küchler*. 136 Seiten, 71 Figuren. 1953. (*499*)

Die elektrischen Schweißverfahren von *H. Niese*. 2. Auflage, neubearbeitet von *H. Dienst*. 136 Seiten, 58 Abbildungen. 1955. (*1020*)

Die Hebezeuge. Entwurf von Winden und Kranen von *G. Tafel*. 2., verbesserte Auflage. 176 Seiten, 230 Figuren. 1954. (*414/414a*)

Wasserbau

Wasserkraftanlagen von *A. Ludin* unter Mitarbeit von *W. Borkenstein*. 2 Bände.
I: Planung, Grundlagen und Grundzüge. 124 Seiten, 60 Abb. 1955. (*665*)
II: Anordnung und Ausbildung der Hauptbauwerke. 184 Seiten, 91 Abbildungen. 1958. (*666/666a*)

Verkehrswasserbau von *H. Dehnert*. 3 Bände.
I: Entwurfsgrundlagen, Flußregelungen. 103 Seiten, 52 Abbildungen. 1950. (*585*)
II: Flußkanalisierung und Schiffahrtskanäle. 94 Seiten, 60 Abbildungen. 1950. (*597*)
III: Schleusen und Hebewerke. 98 Seiten, 70 Abbildungen. 1950. (*1152*)

Wehr- und Stauanlagen von *H. Dehnert*. 134 Seiten, 90 Abbildungen. 1952. (*965*)

Talsperren von *F. Tölke*. 122 Seiten, 70 Abbildungen. 1953. (*1044*)

Hoch- und Tiefbau

Die wichtigsten Baustoffe des Hoch- und Tiefbaus von *O. Graf* †. 4., verbesserte Auflage. 131 Seiten, 63 Abbildungen. 1953. (*984*)

Baustoffverarbeitung und Baustellenprüfung des Betons von *A. Kleinlogel*. 2., neubearbeitete und erweiterte Auflage. 126 Seiten, 35 Abbildungen. 1951. (*978*)

Festigkeitslehre. 2 Bände.
I: Elastizität, Plastizität und Festigkeit der Baustoffe und Bauteile von *W. Gehler* † und *W. Herberg*. Durchgesehener und erweiterter Neudruck. 159 Seiten, 118 Abbildungen. 1952. (*1144*)
II: Formänderung, Platten, Stabilität und Bruchhypothesen von *W. Herberg* und *N. Dimitrov*. 187 Seiten, 94 Abbildungen. 1955. (*1145/1145a*)

Grundlagen des Stahlbetonbaus von *A. Troche*. 2., neubearbeitete und erweiterte Auflage. 208 Seiten, 75 Abbildungen, 17 Bemessungstafeln, 20 Rechenbeispiele. 1953. (*1078*)

Statik der Baukonstruktionen von *A. Teichmann*. 3 Bände.
I: Grundlagen. 101 Seiten, 51 Abbildungen, 8 Formeltafeln. 1956. (*119*)
II: Statisch bestimmte Stabwerke. 107 Seiten, 52 Abbildungen, 7 Tafeln. 1957. (*120*)
III: Statisch unbestimmte Systeme. 112 Seiten, 34 Abbildungen, 7 Formeltafeln. 1958. (*122*)

Fenster, Türen, Tore aus Holz und Metall. Eine Anleitung zu ihrer guten Gestaltung, wirtschaftlichen Bemessung und handwerksgerechten Konstruktion von *W. Wickop* †. 4., überarbeitete und ergänzte Auflage. 155 Seiten, 95 Abbildungen. 1955. (*1092*)

Heizung und Lüftung von *J. Körting* † und *W. Körting*. 2 Bände. 9., durchgesehene Auflage.
I: Das Wesen und die Berechnung der Heizungs- und Lüftungsanlagen. 1959. In Vorbereitung. (*342*)
II: Die Ausführung der Heizungs- und Lüftungsanlagen. 1959. In Vorbereitung. (*343*)

Industrielle Kraft- und Wärmewirtschaft von *F. A. F. Schmidt* und *A. Beckers*. 167 Seiten, 73 Abbildungen. 1957. (*318/318a*)

Vermessungswesen

Photogrammetrie von *G. Lehmann*. 1959. In Vorbereitung. (*1188/1188a*)

Vermessungskunde von *P. Werkmeister*. 3 Bände.
I: Stückvermessung und Nivellieren. 10., völlig neubearbeitete Auflage von *W. Großmann*. 143 Seiten, 117 Figuren. 1958. (*468*)
II: Horizontalaufnahmen und ebene Rechnungen. 8., völlig neubearbeitete Auflage von *W. Grossmann*. 133 Seiten, 97 Figuren. 1949. (*469*)
III: Trigonometrische und barometrische Höhenmessung. Tachymetrie und Topographie. 6. Auflage. 147 Seiten, 64 Figuren. 1949. (*862*)

Sammlung Göschen / Bandnummernfolge

1 Langosch, Der Nibelunge Nôt
3/3a v. Ende, Die Maschinenelemente
9 Marcard-Beck, Dampfkessel I
10 Jiriczek-Wisniewski, Kudrun- und Dietrich-Epen
13 Lotze, Geologie
18 Maurer, Hartmann von Aue
19 Altheim, Römische Geschichte I
20 Hofstaetter-Spree, Dt. Sprachlehre
22 Maurer, Gottfried von Strassburg
29 Brauns-Chudoba, Allg. Mineralogie
31 Brauns-Chudoba, Spez. Mineralogie
35 Treue, Dt. Geschichte von 1648 bis 1740
37 Klemm, Anorganische Chemie
38/38a Schlenk, Organische Chemie
39 Treue, Dt. Geschichte von 1713 bis 1806
42 Behn, Vorgeschichte Europas
44 Kresze, Physikalische Methoden der organischen Chemie
47 Fischer-Rohrbach, Arithmetik
51/51a Ringleb-Bürklen, Mathematische Formelsammlung
59 Krahe, Indogerm. Sprachwissensch. I
60 Biehle, Stimmkunde
61 Biehle, Redetechnik
64 Krahe, Indogerm. Sprachwissensch. II
65/65a Grotemeyer, Analyt. Geometrie
66 Berneker-Vasmer, Russische Grammatik
71 Schulze, Allgemeine und physikalische Chemie I
76 Döring, Einführung in die theoret. Physik I
77 Döring, Einführung in die theoret. Physik II
78 Döring, Einführung in die theoret. Physik III
79 Hempel, Gotisches Elementarbuch
80 Weigert, Stilkunde I
96 Hartmann, Einf. i. d. allgem. Biologie
99 Hessenberg-Kneser, Ebene und sphär. Trigonometrie
101 v. Wiese, Soziologie
103 Dahrendorf, Industrie- und Betriebssoziologie
104/104a Hofstätter, Sozialpsychologie
111 Hoffmann-Debrunner, Gesch. der griechischen Sprache I
114 Debrunner, Gesch. der griechischen Sprache II
117 Brandenstein, Griechische Sprachwissenschaft I
118/118a Brandenstein, Griechische Sprachwissenschaft II
119 Teichmann, Statik der Baukonstruktionen I
120 Teichmann, Statik der Baukonstruktionen II
122 Teichmann, Statik der Baukonstruktionen III
125 Vossler, Ital. Literaturgeschichte
128/128a Lausberg, Romanische Sprachwissenschaft I
136 Mahler, Physikalische Formelsammlung
141 Geitler, Morphol. der Pflanzen
142 Haack, Darst. Geometrie I
143 Haack, Darst. Geometrie II
144 Haack, Darst. Geometrie III
145 Weimer, Gesch. der Pädagogik
148 Kolms, Finanzwissenschaft I
156/156a Landmann, Philosophische Anthropologie
170 Oehlmann, Musik des 19. Jahrh.
171/171a Oehlmann, Musik des 20. Jahrh.
173 Bruhns-Ramdohr, Petrographie
180 Böhm, Versicherungsmathematik I
184 Blümcke, Textilindustrie I
196 Mohr, Grundlagen der Elektrotechnik I
197 Mohr, Grundlagen der Elektrotechnik II
198 Mohr, Grundlagen der Elektrotechnik III
200/200a Gottschald, Dt. Rechtschreibungswörterbuch
210 Bruhns-Ramdohr, Kristallographie
220/220a Moser, Allg. m. Musiklehre
221/221a Jander-Jahr, Maßanalyse
222 Hassak-Beutel, Warenkunde I
223 Hassak-Beutel, Warenkunde II
226 Hofmann, Geschichte d. Mathematik I
228 Vogel, Landw. Tierzucht
231/231a Ehrlich, Geschichte Israels
238 Krahe, German. Sprachwiss. I
243 Mahler, Physikal. Aufgabensammlung
247 Hoppe, Analytische Chemie I

1009 Bechert-Gerthsen, Atomphysik I
1014 Huttenlocher, Mineral- und Erzlagerstättenkunde I
1015/1015a Huttenlocher, Mineral- und Erzlagerstättenkunde II
1017 Döring, Einführung in die theoret. Physik V
1020 Niese-Dienst, Elektrische Schweißverfahren
1031/1031a Apel-Ludz, Philosophisches Wörterbuch
1033 Bechert-Gerthsen, Atomphysik II
1034 Kranefeldt-Jung, Therapeutische Psychologie
1035 Altheim, Römische Religionsgeschichte I
1039 Dovifat, Zeitungslehre I
1040 Dovifat, Zeitungslehre II
1044 Tölke, Talsperren
1045 Schubert, Technik des Klavierspiels
1051/1051a Stolberg-Wernigerode, Gesch. der Verein. Staaten von Amerika
1052 Altheim, Römische Religionsgeschichte II
1057 Roth, Thermochemie
1059 Hoheisel, Aufgabensammlung zu den gewöhnlichen und partiellen Differentialgleichungen
1061 Grodzinski, Getriebelehre I
1065 Haller-Dannenbauer, Von den Karolingern zu den Staufern
1070 Sauter, Differentialgleichungen der Physik
1076/1076a Endres, Verbrennungsmotoren I
1078 Troche, Stahlbetonbau
1082 Hasse-Klobe, Aufgabensammlung zur höheren Algebra
1084 Nußelt, Technische Thermodynamik I
1085 Lietzmann-Aland, Zeitrechnung
1086 Müller, Dt. Dichten und Denken
1088 Preller, Geschichte Englands II
1092 Wickop, Fenster, Türen, Tore
1094 Hernried, System. Modulation
1096 Viëtor, Deutsches Dichten und Denken
1099 Hoheisel, Integralgleichungen
1105 Hartung, Dt. Geschichte im Zeitalter der Reformation
1108 de Boor-Wisniewski, Mittelhochdeutsche Grammatik
1109 Knopp, Elemente der Funktionentheorie
1111 Naumann-Betz, Althochdeutsches Elementarbuch
1113/1113a Strubecker, Differentialgeometrie I
1114 Schubel, Englische Literaturgeschichte I
1115 Ranke, Altnord. Elementarbuch
1116 Schubel, Englische Literaturgeschichte II
1117 Haller-Dannenbauer, Eintritt der Germanen in die Geschichte
1121 Naumann, Dt. Dichten und Denken
1122 Feist, Sprechen und Sprachpflege
1123/1123a Bechert-Gerthsen, Atomphysik III
1124 Schubel, Englische Literaturgeschichte III
1125 Lehnert, Altengl. Elementarbuch
1127 Hartmann, Geschlecht und Geschlechtsbestimmung im Tier- und Pflanzenreich
1128 Buchner, Symbiose der Tiere mit pflanzl. Mikroorganismen
1130 Dibelius, Jesus
1131 Scholz-Schoeneberg, Einführung in die Zahlentheorie
1132 Frühauf, Überspannungen und Überspannungsschutz
1134 Kuckuck, Pflanzenzüchtung I
1135 Lehnert, Beowulf
1137 Heil, Entwicklungsgeschichte des Pflanzenreiches
1138 Hämmerling, Fortpflanzung im Tier- und Pflanzenreich
1140 Unger, Induktionsmaschinen
1141 Koller, Hormone
1142 Meissner-Lehnert, Shakespeare
1144 Gehler-Herberg, Festigkeitslehre I
1145/1145a Herberg-Dimitrov, Festigkeitslehre II
1146 Humburg, Synchrone Maschine
1147 v. Waltershausen, Kunst des Dirigierens
1148 Pepping, Der polyphone Satz I
1151 Nußelt, Technische Thermodynamik II
1152 Dehnert, Verkehrswasserbau III
1153/1153a Mellerowicz, Allgemeine Betriebswirtschaftslehre II

Autorenregister

AUTORENREGISTER

200 000 60/59 Printed in Germany

FSC
www.fsc.org
MIX
Papier | Fördert gute Waldnutzung
FSC® C083411

Zeitfracht Medien GmbH
Ferdinand-Jühlke-Straße 7
99095 Erfurt, Deutschland
produktsicherheit@kolibri360.de